産経NF文庫
ノンフィクション

封印された「日本軍戦勝史」

井上和彦

潮書房光人新社

はじめに　〝新たな視点の大東亜戦史〟に向けて

日本軍は強かった――。

この事実は、悲しいことに日本ではなく敵軍に語り継がれている。

〈年がたつにつれ、ちょっと意外なことが起こった。日本兵を著しく称賛するようになった自分に気づいて、いくら力んでみても、私は彼らに対する憎しみを何一ひとつ見いだせなかった。それどころか私はますます日本兵の基本的長所―忠誠、清潔、勇気、を思い出し、本を読めば読むほどに、彼らは並はずれて勇敢な兵士だったと確信するに至った〉――豪陸軍ケニス・ハリスン軍曹

〈日本の空軍が頑強であることは予め知っていたけれども、こんなに頑強だとは思わなかった。日本の奴らに、神風特攻隊がこのように多くの人々を殺し、多くの艦艇を撃破していることを寸時も考えさせてはならない。だから、われわれは艦が神風機の攻撃を受けても、航行できるかぎり現場に留まって、日本人にその効果を知らせてはならない〉――米海軍ベイツ中佐

〈日本の軍人精神は東洋民族の誇りたるを学べ〉——中国国民党軍・蒋介石

〈諸国から訪れる旅人たちよ、この島を守るために日本軍人がいかに勇敢な愛国心をもって戦い、そして玉砕したかを伝えられよ〉——米太平洋艦隊司令長官チェスター・ニミッツ提督

〈私は軍人としてこのような勇敢な相手と戦うことができて幸福であった。この地を守った日本軍将兵は精魂を尽くした。おそらく世界のどこにもこれだけ雄々しく、美しく戦った軍隊はないだろう〉——中国国民党軍・李密少将

破竹の勢いで快進撃を続けた緒戦の勝ち戦はもとより、守勢に回った後の南方の島々での攻防戦や本土防空戦でも、日本軍将兵は最後まで勇戦敢闘し、敵に未曽有の損害を与え続けていたのだった。

大東亜戦争末期、日本軍には、もはや形勢を逆転させるだけの十分な武器もなく、なにより将兵の体力を維持するだけの食糧も喉の渇きを潤す水もなかった。だがそれでも日本軍将兵の敢闘精神は潰えることなく、鬼神をも哭かしむる闘志をもって戦い続け、連合軍将兵の

心胆を寒からしめたのである。

そして戦後、アジア諸国の人々は、そんな日本軍の戦いによって長く辛かった欧米列強による植民地支配から解放されたことを心より感謝し、その事実を孫子の代にまで語り継いでくれている。このことは拙著『日本が戦ってくれて感謝いています』①②や『美しい日本』パラオ』(ともに産経NF文庫)を参照いただきたい。

ところが戦後の日本ではこうした事実はすべて隠蔽され、「最初から負けることは分かっていたのだから、兵隊たちは無駄死だった」「あんな無謀な戦いはすべきでなかった」「あの戦いでは補給をしっかりと考えるべきだった」「勝敗は明白だったのから、あの時点で止めるべきだった」……等々、結果からさかのぼって負け戦の理由をあげつらい、日本軍の戦略や用兵がいかにダメであったか、そして圧倒的物量を誇る連合軍にどのように打ちのめされたか、ということばかりが繰り返し伝えられてきた。挙句は「日本が侵略戦争をした」「アジアを植民地にした」などという荒唐無稽のフィクションが日本人の脳内を席捲するようになった。

だが不思議なことに、これまで筆者は大東亜戦争を戦った数多の歴戦の勇士に話を聞いてきたが、戦後伝えられているような反戦的心情を語る人は皆無であった。彼らは異口同音に、至純の愛国心を持って戦ったことを誇らしげに堂々と語ってくれたのである。

また筆者は、これまで世界各地の戦跡を歩いて地元の人々の話を収集してきたが、そこには日本軍を称賛し感謝する声が溢れていた。

いったいこれはどういうことなのか?

それは、戦後のGHQによるウォー・ギルト・インフォメーション・プログラム(WGIP)の洗脳政策によって、大東亜戦争は〝侵略戦争〟とされ、無茶な戦争をやったのはすべて軍部の責任だったと、日本の近現代史が書き換えられてしまったからである。悲しいことに、史実と真実は〝日本人だけ〟に伝わっていなかったのだ。

そこで筆者は、これまで封印されてきた大東亜戦争における日本軍将兵の肉声と当時の心境、そして戦場における痛快な戦いぶりや感動秘話などを紹介し、大東亜戦争の実相を後世の日本人に伝えたいと考えた。

もはや戦争を知らない戦後世代が大半を占めており、したがって戦争がいかなるものであったかなど知るよしもなく、また戦場の様子など想像もできないだろう。だが本書を読んでいただければ、これまで学校教育で教わり、あるいは報道されてきたものとはまったく異なる史実を発見し、そしてきっと新たな歴史認識が芽生えることだろう。

本書は、かつて出版された『大東亜戦争秘録 日本軍はこんなに強かった!』(双葉社)に、資料写真などを加えこれを前編・後編の2冊に分けて文庫化したものである。

この前編では、主として大東亜戦争における快進撃時の戦いを取り上げた。

◆緒戦の真珠湾攻撃には驚くべきエピソードがあり、あの戦いはまさに日本人の英知の結集であった。
◆マレー電撃作戦の勝利は、世界戦史上他に類例をみない日本軍の工作活動の勝利であり、この戦いはインド独立に繋がっていった。
◆かの英東洋艦隊を撃滅したマレー沖海戦や、連合軍艦隊を殲滅したスラバヤ沖海戦でみせた日本海軍の武士道は、連合軍兵士を感動させ、今もって世界海戦史上に燦然と輝き続けている。
◆わずか9日間の電撃戦で350年ものオランダ植民地支配からインドネシアを解放したジャワ攻略戦で、日本軍は地元の人々から大歓迎を受けていた。
◆セイロン沖海戦における日本軍の急降下爆撃機の命中率は、現代のハイテク兵器に匹敵するほどの高精度であった。
◆フィリピンの戦いの実相と、驚くべき日米指揮官の違い。
◆〝空の神兵〟とうたわれた陸海軍空挺部隊の作戦成功を支えたのはインドネシアの神話だった。
◆ミッドウェーの戦いで見せた世紀の〝あだ討ち〟と、知られざる名将・山口多聞提督の素顔。
◆台湾の高砂義勇隊は、日本軍にとって最高の戦友だった。
◆その名を世界に轟かせたラバウル航空隊の戦いと、連合軍パイロットを震え上がらせた海軍の撃墜王列伝。

◆ガダルカナル島をめぐるソロモン諸島周辺海域で米軍を圧倒した日本海軍。

緒戦の勝ち戦にも、戦後、封印されてきた感動秘話がある。

これまで筆者が長年にわたってインタヴューしてきた戦士の貴重な体験談と、手記に綴られた心情や実際の生々しい戦闘の様子などを盛り込んで、読者に大東亜戦争を〝追体験〟してもらおうと精魂込めて書き上げた。どうぞ、本書を通じて大東亜戦争に思いを馳せ、新たな視点で日本の近現代史を再評価していただければと思う。

とくに、これまで「戦史」とは無縁だった方、あるいは「戦記」など読んだことのなかった方にこそ読んでいただきたい。そして、今こうして平和に暮らしている我々のために死力を尽くして戦ってくれた父祖の思いに心を寄せていただければ筆者としてこれにすぐる喜びはない。

先人に感謝――これあるのみ。

令和3年（2021）6月吉日

井上和彦

封印された「日本軍戦勝史」——目次

日本軍かく戦えり!!

―大東亜戦争「激闘の記憶」―

真珠湾攻撃の奇跡

▲南雲機動部隊の旗艦を務めた空母「赤城」

◀真珠湾上空を飛行する97式艦上攻撃機

◀第1次攻撃隊の隊長を務めた淵田美津雄中佐

▼乾ドック碇泊中に攻撃を受けた米戦艦「ペンシルバニア」

▲爆発炎上する戦艦「ウエストバージニア」

▲5隻の特殊潜航艇(甲標的)も真珠湾に出撃していた

マレー・シンガポール攻略戦

◀歩兵を自転車で機動させる「銀輪部隊」が大活躍した（写真はフィリピン戦線のもの）

▲"マレーの虎"と呼ばれた第25軍司令官の山下奉文中将

▶シンガポーを行進する日本軍

▼難攻不落とされたシンガポールを陥落させ、英軍パーシバル中将に降伏を迫る山下奉文中将（左から３番目）

▲"ハリマオ"こと谷豊。F機関に協力し各種破壊工作活動に従事した

▲F機関を率いて日本軍のインテリジェンスを担った藤原岩市少佐

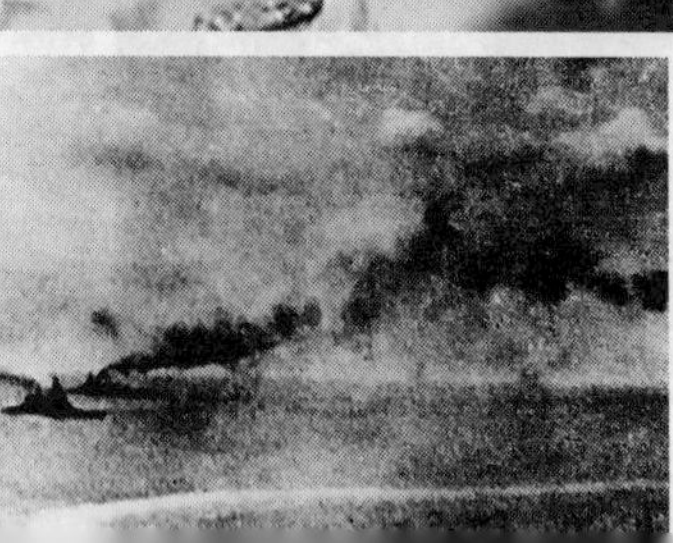

◀マレー沖海戦で、日本軍機の雷撃から逃れるべく回避行動をとる英戦艦「プリンス・オブ・ウェールズ」（左手前）と「レパルス」

フィリピンの戦い

▲マニラに向けて進撃する日本軍戦車隊

◀戦車隊を率いて先頭を進んだ岩田義泰中尉

◀第14軍を率いた本間雅晴中将

▲日本軍の怒涛の進撃に恐れをなしてフィリピンから逃走したマッカーサー（写真は1944年10月のフィリピン再上陸時のもの）

蘭印攻略戦

◀蘭印作戦を指揮した第16軍司令官の今村均中将

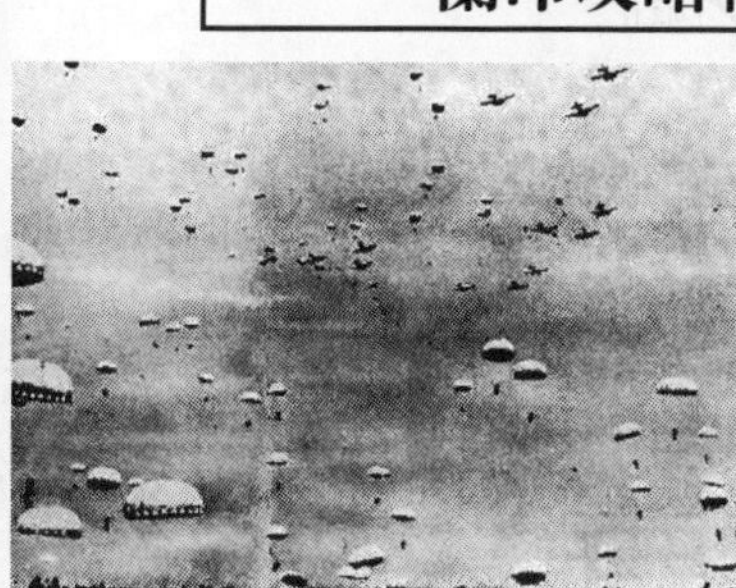

◀スマトラの油田を確保するために敢行されたパレンバン空挺作戦

▲ジャワ島内を進軍する日本軍将兵

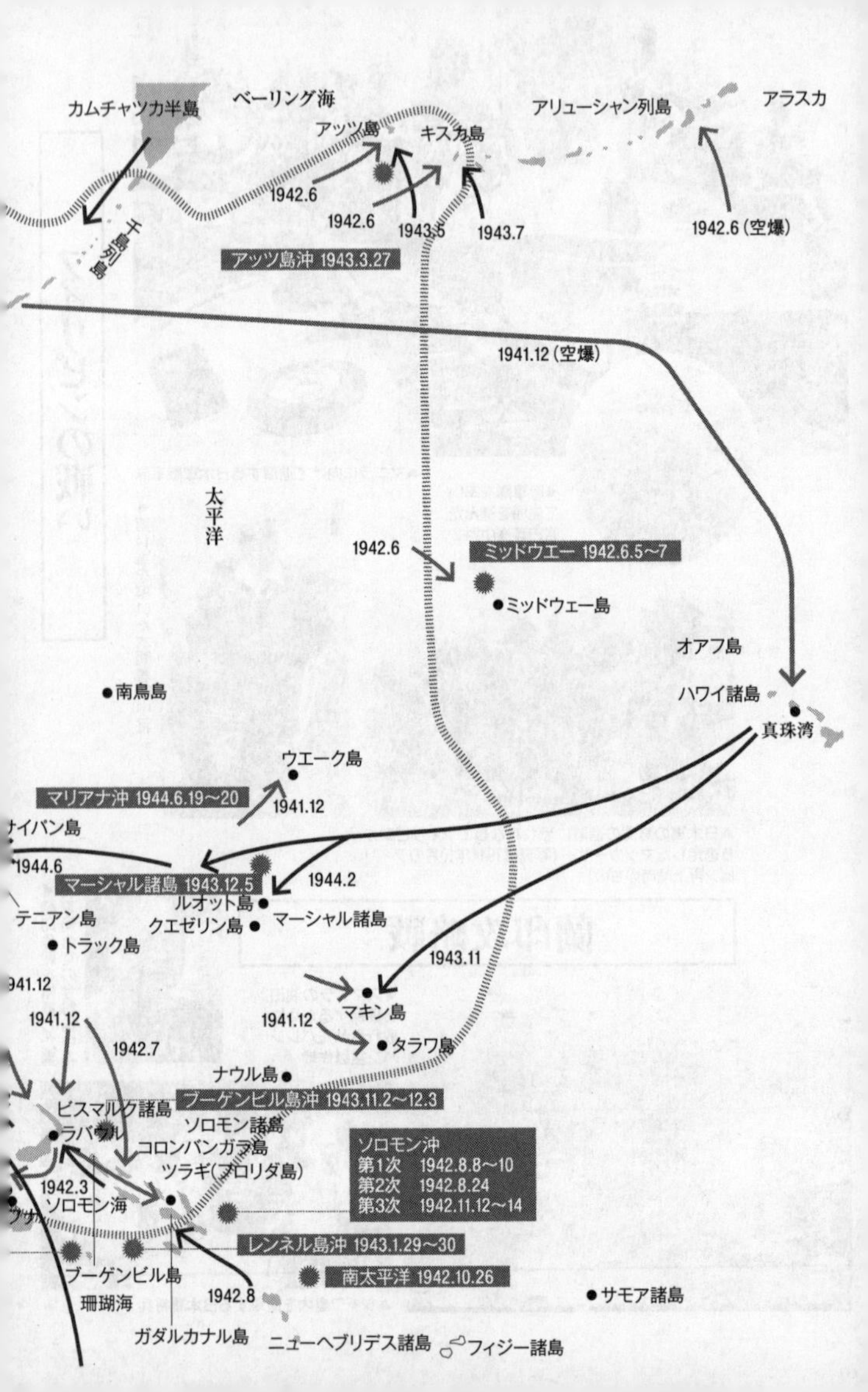

カムチャツカ半島
ベーリング海
アリューシャン列島
アラスカ
アッツ島
キスカ島
1942.6
1942.6
1943.5
1943.7
1942.6（空爆）
千島列島
アッツ島沖 1943.3.27
1941.12（空爆）
太平洋
1942.6
ミッドウエー 1942.6.5〜7
ミッドウェー島
オアフ島
南鳥島
ハワイ諸島
真珠湾
ウエーク島
マリアナ沖 1944.6.19〜20
1941.12
サイパン島
1944.6
1944.2
マーシャル諸島 1943.12.5
ルオット島
クエゼリン島
マーシャル諸島
テニアン島
トラック島
1943.11
1941.12
1941.12
マキン島
1942.7
1941.12
タラワ島
ナウル島
ブーゲンビル島沖 1943.11.2〜12.3
ビスマルク諸島
ソロモン諸島
ラバウル
コロンバンガラ島
ソロモン沖
第1次 1942.8.8〜10
第2次 1942.8.24
第3次 1942.11.12〜14
ツラギ（フロリダ島）
1942.3
ソロモン海
レンネル島沖 1943.1.29〜30
南太平洋 1942.10.26
ブーゲンビル島
珊瑚海
1942.8
サモア諸島
ガダルカナル島
ニューヘブリデス諸島
フィジー諸島

■大東亜戦争の全体図（1941-1945）

封印された「日本軍戦勝史」

トラトラトラ…「真珠湾攻撃」の奇跡①

対米英戦争の開始を告げた帝国海軍機動部隊による真珠湾攻撃。空母艦載機による集中攻撃により、敵を殲滅させようとするこの試みは成功裏に終わる。しかし、その裏には筆舌に尽くしがたい人間ドラマがあった!!

海軍航空隊は必沈の雷撃を次々繰り出していった(3DCG制作/一木壮太郎)

空母「加賀」雷撃隊員の告白

〝トラ・トラ・トラ〟

昭和16年（1941）12月8日午前7時52分（日本時間午前3時22分）、第1次攻撃隊長・淵田美津雄中佐は、「ワレ奇襲ニ成功セリ！」を意味する電文を発信。

6隻の空母から飛び立った日本海軍航空部隊は、ハワイのパール・ハーバー（真珠湾）に停泊する米艦艇に猛然と襲いかかった。

99式艦上爆撃機は、地上目標に250キロ爆弾を叩き付け、97式艦上攻撃機から放たれた魚雷は敵戦艦に次々と命中して巨大な水柱を吹き上げる。そして水平爆撃隊の投下する800キロ爆弾は、敵戦艦を揺さぶり巨艦を火炎に包み込んだ。

〝真珠湾攻撃〟――日本海軍の奇襲による完全勝利であり、ここに、3年8か月にわたる大東亜戦争の幕が切って落とされた。

■「真珠湾攻撃」全体図

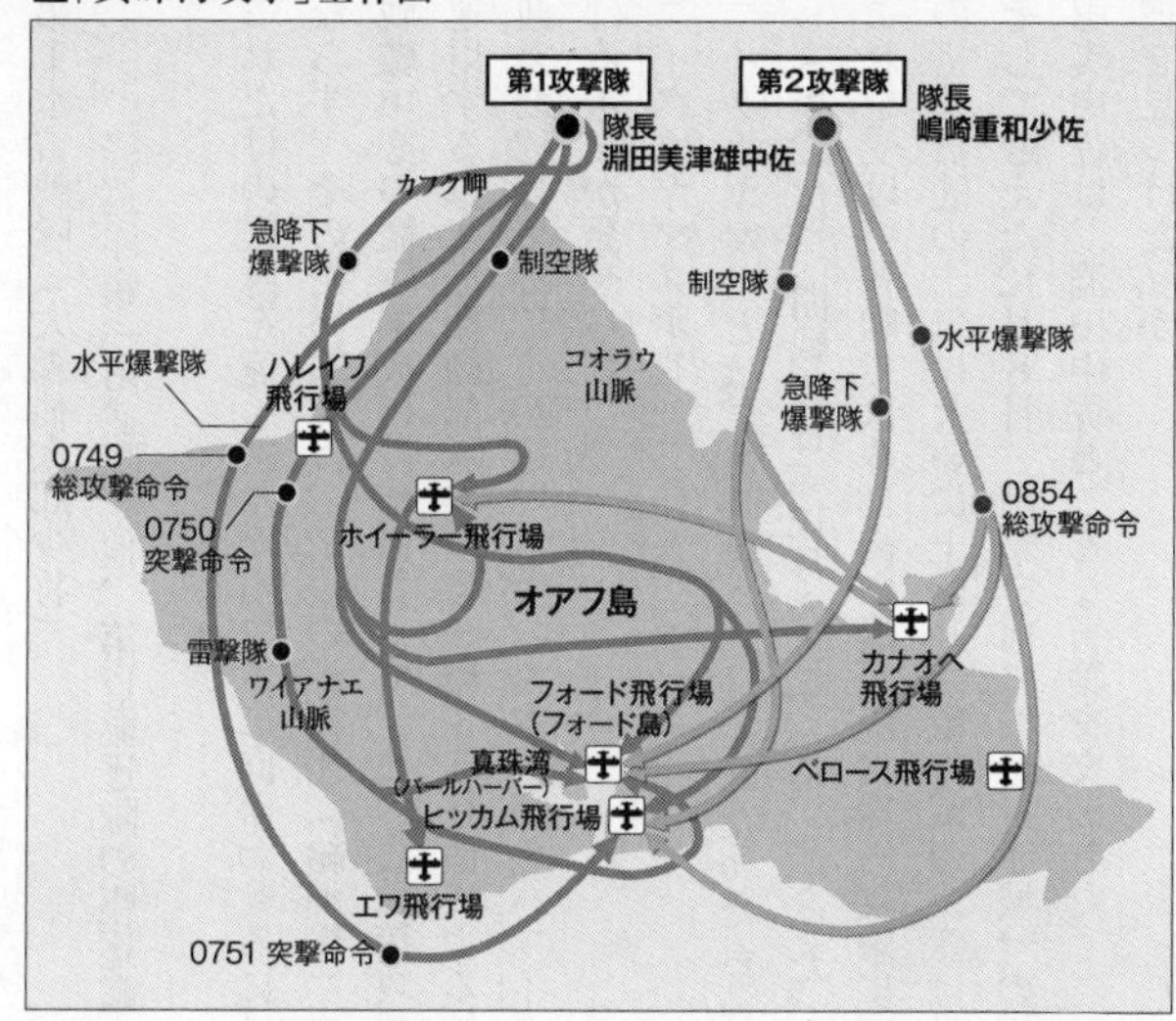

昭和16年11月26日、空母6隻を中心とする南雲忠一中将率いる日本海軍機動部隊は、一路、アメリカ太平洋艦隊の拠点ハワイを目指して択捉（エトロフ）島の単冠（ヒトカップ）湾を出撃した。

【第1航空艦隊】（南雲忠一中将）
第1航空戦隊（南雲忠一中将直率）
　空母「赤城」「加賀」
第2航空戦隊（山口多聞少将）
　空母「蒼龍」「飛龍」
第5航空戦隊（原忠一少将）
　空母「翔鶴」「瑞鶴」
第3戦隊（三川軍一中将）
　戦艦「比叡」「霧島」
第8戦隊（阿部弘毅少将）
　重巡洋艦「利根」「筑摩」

第1水雷戦隊（大森仙太郎少将）
　軽巡洋艦「阿武隈」他、第17駆逐隊の駆逐艦4隻および第18駆逐隊の駆逐艦4隻

　これだけの艦隊を遠く離れたハワイに向かわせるには、途中で艦艇に洋上で給油しなければならず、そのため艦隊は、7隻の油槽船（給油艦）を随伴させていた。

　戦艦中心の艦隊編成の時代にあって、この真珠湾攻撃は、世界戦史上初めて航空母艦を集中運用する〝空母機動部隊〟の艦載機350機による航空攻撃だったのである。

　迎えた12月2日17時30分、本土の大本営からハワイへ向かう空母機動部隊に対して開戦を告げる電文が発せられた。

　〝ニイタカヤマノボレ一二〇八（ひとふたまるはち）〟

　「ニイタカヤマ」とは、当時日本で最高峰だった台湾の「新高山」（現在の玉山）のことで、「一二〇八」は、開戦の日「12月8日」を指していた。

　これを受けて各艦では6日後に迫った真珠湾攻撃に向けた準備が急ピッチで行われ、攻撃隊の搭乗員達の士気は大いに上がり、敵撃滅の決意は最高潮に達した。

　そして迎えた12月8日、出撃を前に空母「赤城」の搭乗員室に入った第1航空艦隊参謀の源田実中佐は、淵田中佐とこんな言葉を交わした。

〈彼を見つけた私が、

「おい、淵！　頼むぜ」

と呼びかけたところ、

「お、じゃ！　ちょっと行ってくるよ」

まるで、隣にタバコか酒でも買いに行くような格好であった〉（源田実著『真珠湾作戦の回顧録』読売新聞社）

午前1時30分、南雲長官の座乗する旗艦「赤城」「加賀」「蒼龍」「飛龍」「翔鶴」「瑞鶴」の各艦から、当時世界一の技量を誇った精鋭航空部隊が次々と甲板を蹴って飛び立っていった。

源田実中佐

エンジン音を高鳴らせて飛行甲板を威風堂々と駆け抜けてゆく零戦、99式艦爆、97式艦攻。

飛行甲板の両脇からは歓声が沸き起こった。

「頼んだぞ！」

「しっかりやってくれ！」

感極まって目に涙を溜めながら、ちぎれんばかりに手を打ち振る乗員。機上の搭乗員らはその光景を眺めながら、その期待に必ずや応えんと雄々しく飛び立っていったのである。

6隻の空母から飛び立った淵田美津雄中佐率いる第1次攻撃隊は、零戦43機、99式艦爆51機、97式艦攻89機から成る総勢183機の大部隊であり、その銀翼を連ねて空を往くさまは壮観の一言に尽きた。

空母「加賀」の第2制空隊指揮官として零戦9機を率いて真珠湾に飛んだ志賀淑雄大尉は、そのときの心情をこう残している。

〈上空で集合して間もなく太陽が昇ってきた。その時の清々しい気持ちは、生まれて初めてのことだった。四十数機の雷撃隊が本物の奇麗な魚雷を抱いて、太陽に鈍く映えている姿は本当に美しいと思った。艦爆も二五番(二五〇キロ)を積んでいる。この時でも、もう死んでよいとは思っていない。生きて帰るのだという気持ちはあった。しかし、本当に感激していた〉(零戦搭乗員会編『零戦、かく戦えり!』文春ネスコ)

各機は、その攻撃目標ごとにミッションが分けられており、800キロ爆弾を搭載した水平爆撃隊の97式艦上攻撃機49機(指揮官・淵田美津雄中佐)と、魚雷を抱いた雷撃隊の97式艦上攻撃機40機(指揮官・村田重治少佐)は敵戦艦群を攻撃目標とし、250キロ爆弾を積んだ急降下爆撃隊の99式艦上爆撃機51機(指揮官・高橋赫一少佐)は、3つの飛行場の地上目標を破壊する任務が与えられていた。そして板谷茂少佐率いる零戦43機は、敵戦闘機から97式艦攻および99式艦爆を護衛し、地上目標の攻撃を担任したのである。

ハワイ・オワフ島を目指して飛ぶ海鷲の大編隊が見たものは、雲間から旭日旗の如く輝く朝日であり、それはまさしく彼らの武運長久を祈っているかのようであった。

現地時間午前7時40分、オアフ島北端のカフク岬を捉えた淵田中佐は「突撃準備隊形作レ」を命じる〝トツレ〟を発信、上空に向けて信号弾を発射した。

続いて7時49分、「全軍突撃せよ！」を意味する〝ト連送〟（ト・ト・ト・ト……の連打）が発信された。

志賀淑雄大尉

これを受けて第1次攻撃隊の183機は、それぞれの目標に向かって突撃を開始し、その3分後の7時52分、淵田中佐は、かの有名な〝トラ・トラ・トラ〟（ワレ奇襲ニ成功セリ！）を打電した。
戦後、淵田美津雄中佐はこう回想している。
〈全軍突撃を下令したあと、私は直率の水平爆撃隊を誘導して、攻撃開始の間合いをとるために、バーバース岬を廻った。

■「真珠湾攻撃」詳細図

バーバースの航空基地が左に見えたが、飛行機は一機もいなかった。

私は真珠湾に眼をやった。一帯はまだ朝霧が、かすかにたちこめている。静かな景色で、気のせいか、真珠湾はまだ眠っているように見える。上空に空中戦闘が起こっている気配はない。地上に対空砲火の閃めきもない。これはどうやら奇襲に成功した模様である。ここまで持ってくれれば、あとの戦果をみとどけんでも、飛行機隊の腕には自信がある。よし報告を急ごうと私は思った。山本大将はもとより、大本営も、また西太平洋の全陸海軍部隊は、真珠湾の奇襲を優先させるために、みんな満を持して、待ちわびているのだ。

私は電信員を振り返った。

「水木兵曹、甲種電波で発信、我奇襲に成功せり」

「ハーイ」

水木兵曹は、待ってましたとばかり、すぐに電鍵を叩いた。「トラトラトラ」の連送であった〉（『真珠湾攻撃総隊長の回想　淵田美津雄自叙伝』講談社文庫）

これを受けて7時55分、急降下爆撃隊の99式艦爆がパール・ハーバーの真中に位置するフォード島のホイラー飛行場に250キロ爆弾を叩きつけた。これが日米開戦の第一撃となった。

続けてヒッカム飛行場にも爆弾が投下され、パール・ハーバーの地上施設から黒煙が立ち上り、ついに真珠湾の戦いが始まった。ところが、この急降下爆撃機による地上攻撃は実は計算違いだったという。このことについて、空母「加賀」の雷撃隊員として真珠湾攻撃に参加した前田武一等飛行兵曹（97式艦上攻撃機・偵察員）は、こう証言する。

「淵田中佐機から信号弾が2発上がったんです。それで〝強襲〟と間違えて、戦闘機隊と艦上爆撃機隊が、我々艦上攻撃機の雷撃よりも先に敵基地に攻撃を仕掛けてしまったんです。

実は、これは大きなミスでした」

真珠湾攻撃は、一般に〝真珠湾奇襲〟と言われているが、そもそも〝奇襲〟とは、こちらの攻撃が敵に察知されていない状況下、したがって敵戦闘機も迎撃に上がっていない状況下での攻撃をいう。その場合、魚雷を抱いた雷撃隊が先行して敵艦に魚雷攻撃を仕掛け、これに続いて地上の敵戦闘機や対空陣地などを殲滅する艦上爆撃機（急降下爆撃機）が攻撃する手順になっていた。

この奇襲攻撃は、飛行総隊長・淵田美津雄中佐の指揮官機からの〝信号弾1発〟が合図であった。

ところが、こちらの攻撃が敵に察知され、敵戦闘機が待ち構えているといった状況下での攻撃は〝強襲〟となる。この場合は、指揮官機が〝信号弾を2発〟発射し、奇襲のときとは逆に、制空を担任する戦闘機隊と急降下爆撃隊が先行して敵を制圧した後に、雷撃隊および水平爆撃隊がこれに後続する手はずとなっていた。

知られざる〝黒煙との戦い〟

真珠湾攻撃は、米軍が日本軍の攻撃を察知しておらず完全な奇襲であった。ところが現場では、大変なミスが発生していたのである。前田武氏は言う。

「飛行総隊長の淵田中佐機からまず1発の信号弾が上がりましたので、我々艦上攻撃機隊はこれを確認して突進を始めたんですが、援護する役目の戦闘機隊が動こうとしなかったんです。そこで、淵田中佐は、戦闘機隊が1発目の信号弾が見えなかったものと判断して2発目の信号弾を撃ってしまったんです。これが失敗でした。今度は、艦上爆撃隊が〝信号弾2発〟を確認して〝強襲〟と勘違いしてしまったんです」

こうして雷撃の前に、99式艦上爆撃機の艦上攻撃隊が、戦闘機隊と共にフォード島の敵航空基地などに対地攻撃を開始したのである。攻撃を受けた地上施設や航空機は撃破され、黒煙を噴き上げて炎上した。

「フォード島には飛行機のほかにガソリンタンクもある。我々艦上攻撃隊が現場にたどり着いたときは、もうすでに真っ黒な煙が上がっていました。この黒煙がもし、我々が攻撃を仕掛ける海側に流れていれば、魚雷攻撃は不可能だったでしょう」（前田氏）

フォード島の周りには、戦艦「カリフォルニア」「メリーランド」「オクラホマ」「ウエストバージニア」「テネシー」「アリゾナ」「ネバダ」が並び、ハーバー東側のドックには戦艦「ペンシルバニア」という具合に8隻の戦艦がいた他、湾内には、重巡洋艦2隻、軽巡洋艦6隻、駆逐艦30隻、その他、給油艦など48隻が停泊していたのである。前田氏は言う。

「水深の浅い真珠湾内の敵艦を魚雷で攻撃するには、海面すれすれの高度10メートルで飛び、この超低高度から、深く潜らないように工夫された魚雷を慎重に投下しなければならないんです。もしフォード島の黒煙が海側に流れて、海面を覆うようなことがあれば魚雷攻撃はできなかったかもしれません。ところがこの日は運よく風が味方してくれたため黒煙が海側に来ることがなく、目標が鮮明に見えたんです」

まさに天が雷撃隊に味方してくれたのだった。

雷撃隊は黒煙に邪魔されることなく、海面すれすれ10～20メートルの超低空で敵戦艦群に肉迫し、特殊な91式魚雷を次々と命中させていったのだ。

「戦艦『アリゾナ』を見たら、外側横に修理用の小さな艦が横付けしていたので、雷撃しても魚雷がその小さな艦に当たるのではないかということで、『アリゾナ』を標的から外したんです。そして次に狙ったのが、籠マストが象徴的なカリフォルニア型の戦艦『ウエストバージニア』でした。

まず我々2番機に先行していた一番機の魚雷が見事に『ウエストバージニア』のど真ん中に命中して、バァッと水柱が上がったんです。その直後に私の機が速度約140ノット、高度10メートルで突っ込んで雷撃したわけです。魚雷は艦橋下部に命中！　私の機が『ウエストバージニア』の上空を航過した後に大音響とともに大きな水柱が上がったのです。私は偵察員として戦果を確認する必要がありましたから、その一部始終を目に焼き付けました。あの光景は今でも忘れられません」（前田氏）

係留された戦艦群の中ほど外側に停泊していた戦艦「ウエストバージニア」が恰好の目標となり、最初に魚雷攻撃を受け、放たれた9発の魚雷のうち7発が命中し巨大な水柱が吹き上がった。

同じく空母「加賀」の雷撃隊の搭乗員だった吉野治男一等飛行兵曹は、当時の様子をこう語っている。

〈突っ込む時の気分は、訓練の時と同じです。敵戦艦に向けてどんどん高度を下げていき、操縦員・中川十二飛曹の『ヨーイ、テッ』という合図で魚雷を発射するのですが、私の目標にした左端の艦は、もうすでに魚雷を喰らって、いくらか傾いている様子でした。水柱に洗われたのか、甲板がやけに赤っぽく見えましたね。あとで聞いた話では、この戦艦は『オクラホマ』で、十三発もの魚雷が命中し、転覆したそうです〉（神立尚紀著『戦士の肖像』文春ネスコ）

かくして、多数の魚雷を受けて大爆発し転覆した戦艦「オクラホマ」は沈没した。

続いて戦艦「カリフォルニア」にも2本の魚雷が命中、戦艦「アリゾナ」および軽巡洋艦「ヘレナ」にも魚雷が命中した。

真珠湾の水深はわずか12メートルと浅いため魚雷攻撃には不向きであった。通常の魚雷なら着水後におよそ60メートルほど沈下する。そこで真珠湾攻撃に使用された魚雷は、特殊な木製のフィンと安定板を取り付けて沈下を防ぎ、超低高度で投下することで水深の浅い真珠湾でも使えるように工夫されていたのだった。しかしその特殊改良された91式航空魚雷改二の数はわずかに40本で、空母「赤城」「加賀」「蒼龍」「飛龍」の雷撃隊に10本ずつ配られた。そして雷撃隊は一撃必殺の信念に燃えて、この虎の子の40本の特殊魚雷を敵艦のドテッ腹に次々と命中させていったのである。当時、日本海軍航空隊の雷撃の技量は極めて高く、世界の海軍航空隊の中でもずば抜けており、他の追随を許さないほどのハイレベルであった。

実際に雷撃隊が魚雷を投下したパール・ハーバーに立てば、よくぞこのような狭い場所に正確な魚雷攻撃をしたものだと、感服させられる。対岸からフォード島に係留された戦艦群までの距離があまりにも短いため、この水路のような場所に魚雷を、しかも超低空で投下するのは並大抵ではない。だが日本海軍は、厳しい訓練を積んで不可能を可能にしたのだった。

次々と魚雷を命中させた雷撃隊だが、それで安心というわけではなかった。

前田氏によれば、敵の対空砲火も激しさを増し始め、とりわけ、日本軍機から相手にされなかった駆逐艦などの小型艦艇から撃ち上がってきて、こうした対空砲火によって味方機が被弾したという。

前田氏はそんな離脱時の命運についてこう語っている。

「雷撃後、北島大尉の1番機が炎上するフォード島の黒煙の中に突っ込んでいきました。黒煙の向こうには炎があるので、あまり低いと危ないと思いましたが、我々も1番機に続いて黒煙をくぐり抜けたんですが、結局はそれで助かったんです。他の機は、雷撃後に、フォード島の黒煙を避けて右旋回していったために対空砲火に狙われたんですよ。実際、我々の空母『加賀』だけでも5機がやられました」

今度は黒煙が、〝煙幕〟となって身を守ってくれたのである。
〝黒煙との戦い〟——。それが真珠湾攻撃の〝もう一つの戦い〟でもあった。

トラトラトラ…「真珠湾攻撃」の奇跡②

第1次攻撃隊は雷撃機が中心であったが、時間差で突入する第2次攻撃隊は敵の迎撃が予想されたため、急降下爆撃機を主力としていた。第2次攻撃隊の突入時、湾内には黒煙が立ち込め視界不明瞭。しかし、彼らは超人的な技量と闘魂で戦果を拡張し続けた！

乾ドック碇泊中に攻撃を受けた米戦艦「ペンシルバニア」

第2次攻撃隊の突入時には湾の風景が一変していた

雷撃隊の活躍に負けず劣らず、８００キロ爆弾を搭載した97式艦上攻撃機の「水平爆撃隊」の活躍もまた目覚ましかった。水平爆撃隊には、貫徹力を増した８００キロ爆弾を搭載した3人乗りの97式艦上攻撃機49機が投入されており、この攻撃がまた米戦艦群に大打撃を与えたのである。

しかも搭載された８００キロ爆弾は特殊改良爆弾で、戦艦「長門」が搭載する敵戦艦の分厚い装甲を撃ち抜くために開発された41センチ主砲の徹甲弾を改良したものであった。ということは、敵戦艦にとったら上空から戦艦「長門」の主砲で撃たれるようなもので、こんな強力な巨弾が上空から降ってきたらたまったものではない。また、８００キロ徹甲弾は、薄い甲板を突き破って艦内で爆発する仕組みになっており、側面の装甲が厚い戦艦でも大爆発を起こして艦体は破壊されてしまう。

威容を誇った戦艦「アリゾナ」も、魚雷と同時に８００キロ爆弾4発が命中してはひとたまりもなく、大爆発を起こして後に沈没した。淵田中佐は、この「アリゾナ」の大爆発を目撃している。

〈やがて私の第一中隊が、二度目の爆撃コースに入ろうとしていたとき、フォード島東側の戦艦群に一大爆発を認めた。メラメラッとまっ赤な焔が、どす黒い煙とともに、五百米の高さにまで立ち昇る。私は火薬庫の誘爆と直感した。間もなく、相当離れていた、こちらの編隊にも震動が伝わって来て、ユラユラと揺れた。無心に操縦していた松崎大尉は、びっくりして頭をもち上げたので、私は彼に知らせた〉（『真珠湾攻撃総隊長の回想　淵田美津雄自叙伝』）

第1次攻撃隊は、湾内に停泊中の敵艦を次々と撃破していった。

7発の魚雷が命中した戦艦「ウエストバージニア」には、立て続けに2発の800キロ爆弾が艦中央部に命中して沈没した。同じく2本の魚雷を喰らって傾いた戦艦「カリフォルニア」にも800キロ爆弾が命中して火薬庫が爆発し大火災を起こして沈没。ドックで修理中の戦艦「ペンシルバニア」も難を逃れることはできなかった。本艦にも水平爆撃隊が襲いかかり、800キロ爆弾を叩きつけて炎上させたのである。そして自ら水平爆撃隊を指揮する総隊長の淵田中佐機もまた、敵戦艦「メリーランド」に直撃弾を喰らわせたのだった。

淵田中佐はこう述べている。

〈目標はメリーランド、やがて嚮導機から「投下用意」の信号が来た。息を呑んで投下把柄を握って待ち構える。「投下」、嚮導機の爆弾がフワリと落ちるのを見て、私は投下把柄を引っ張った。そして急いで座席に寝そべって、下方の窓から、爆弾の行方を見守った。徹甲弾四発は、鼻づら揃えて伸びて行く。世に、いま落した爆弾が、あたるか、当たらないかを見守るほどのスリルはない。やがて伸びてゆく爆弾の直線上に、メリーランドが近寄って来る。爆弾は次第に小さくなって、またたきすれば見失う。眼を凝らしながら、息を呑む。ぞくぞくするスリルである。やがて爆弾がけし粒ほどとなったのを見た瞬間、メリーランドの甲板にパッパッと二つの白煙が立った。

「二弾命中」〉(前掲書)

水平爆撃隊の徹甲弾は、着弾後、0・5秒ほど遅れて起爆する遅延信管をつけているため、甲板を突き破って艦内で爆発する仕組みになっていた。淵田中佐率いる第1中隊の4機編隊から投下された4発の爆弾の内2発を食らった「メリーランド」は、天を裂く大音響と共に大爆発を起こして火炎に包まれたのであった。

総指揮官の淵田中佐から〝トラ・トラ・トラ〟の電文を受け取った空母「赤城」の艦橋では、南雲長官以下幕僚らが戦果報告を待ちわびていた。

「奇襲は成功したが、戦果は……?」

そんな思いを胸に首脳陣が攻撃隊からの報告を待っていると、そこに真珠湾上空からの戦果報告が飛び込んできた。第1航空艦隊参謀の源田実中佐は、生々しくこう回想する。

〈全攻撃隊の中で、一番先にはいってきたのは村田雷撃隊長の報告である。

「われ、敵主力を雷撃す、効果甚大」

この電報を受け取った時ほどうれしいことは、私の過去においてない。しかし、赤城の艦橋における表情は静かなものであった。

南雲長官、草鹿参謀長以下各幕僚がいたが、みんな顔を見合わせてニッコリとした。私と真正面で見合った南雲長官の微笑は、今でも忘れることができない。これで長い年月にわたる苦しい鍛錬が報われたのである〉（『真珠湾作戦回顧録』）

第1次攻撃隊183機が6隻の空母から発艦して1時間後、空母「瑞鶴」の島崎重和少佐を隊長とする第2次攻撃隊167機が各艦から飛び立った。第2次攻撃隊は、第1次攻撃隊とは異なり、魚雷攻撃を仕掛ける雷撃機はなく、島崎少佐が指揮する水平爆撃隊54機（800キロ爆弾を搭載した97式艦上攻撃機）、江草隆繁（たかしげ）少佐を指揮官とする急降下爆撃隊78機（250キロ爆弾を搭載した99式艦上爆撃機）、そして進藤三郎大尉の率いる零戦の制空隊35機であった。

空母「飛龍」の急降下爆撃隊として99式艦上爆撃機で第2次攻撃に参加した板津辰雄2等飛行兵曹は、当時の出撃の様子をこう回想している。

〈母艦は最大十五度、平均十度くらいでうねっている。むずかしい発艦だ。厚い乱雲が空を走っている。

ふと郷里に心が走った。運命の時が刻々と迫ってくるのがひしひしと感じられる。

ついに母艦が風に立った。

「発艦はじめ」

発着艦指揮所から飛行長の号令が下った。

午前二時四十五分、ハワイ現地時間で午前七時十五分。零戦隊、つづいてわれわれの急降下爆撃隊、水平爆撃隊と発艦した。帽子をふる艦橋に、私も手をふりながら発艦していった。

母艦上空を大きく旋回しながら編隊を組み、一路オアフに針路をとった。（中略）

発艦してやがて一時間に近い。高度五千メートル、雲量七、雲はやや多いが、視界は良好で攻撃にはさしつかえない天候だ。

突然、レシーバーに無電が入った。

「トラトラトラ……」

第一次攻撃隊の総指揮官、淵田美津雄機から打たれた「ワレ奇襲ニ成功セリ」である。

私は小隊の一番機に目をやった。一番機先任搭乗員の中山七五三松飛曹長がニッコリ笑って手をあげた。その飛行帽の上にしめた鉢巻の日の丸が、朝日に映えて目に染みた〉（板津辰雄「真珠湾から印度洋へ」『丸別冊　戦勝の日々　緒戦の陸海戦記』潮書房）

第2次攻撃隊は、第1次攻撃隊の奇襲成功を告げる〝トラ・トラ・トラ〟の打電をハワイに向かう途上で受信したのだが、彼らは、第1次攻撃隊とバトンタッチする形で真珠湾にやってきたため、湾内の光景はまったく異なっていた。第2次攻撃隊は、青い空と青い海が広がる静寂の中に突撃した第1次攻撃隊とは違って、爆炎・黒煙が立ちこめ、敵の猛烈な反撃が本格化する状況下の真珠湾に突っ込んでいったのである。それゆえにリスクが大きく、したがって攻撃態勢に入った後の機動が制限される低速の雷撃隊が外され、急降下爆撃隊が主力となった。

彼らはオアフ島の北東から侵入し、午前8時54分の総攻撃命令を受けて真珠湾に殺到した。すぐさま急降下爆撃隊は、猛烈な対空砲火をものともせず、上空から猛禽類が地上の獲物に襲い掛かるように急角度でダイブして敵艦に250キロ爆弾を叩きつけた。そして99式艦上爆撃機が機首を上げて敵艦上空から飛び去るや轟音と共に火柱が上がった。次々と命中する250キロ爆弾に、敵艦は猛火に包まれていった。

真珠湾上空に留まった淵田美津雄中佐

湾外に脱出を図ろうとした戦艦「ネバダ」に6発の250キロロ爆弾が命中、沈没して湾口を塞いでしまうことを避けるため「ネバダ」は自らホスピタル岬に座礁した。また、乾ドックにあった戦艦「ペンシルバニア」にも急降下爆撃隊の250キロ爆弾が命中して大火災が発生した。その他、戦艦「メリーランド」、駆逐艦「ダウンズ」などにも爆弾が命中した。

その凄まじい急降下爆撃隊の様子を前出の板津2等飛行兵曹はこう記している。

〈湾外に駆逐艦が一隻、水道には三隻の艦が湾外に出ようと必死に走っている。真ん中のは大きい。戦艦だろうか。その甲板上に白い人影がチョコチョコと動いている、と見た瞬間、その舷側から対空砲火が火を噴いた。

編隊の高度より低い三千メートル付近で炸裂していた高角砲の弾幕も、しだいに高度を上げてわれわれを包んできた。カンカンと音がする。爆風にあおられて機体がぐらぐら揺れる。「蒼龍」隊の江草少佐機が急降下に入った。後続機がつぎつぎとダイブして行く。

このとき、誰が爆撃したのか、水道を走っていた三隻のなかの真ん中の艦に爆弾が直撃した。艦は白煙を噴き上げて減速した。後続艦はもう湾外へは逃げ出せない〉(前掲書)

まずは空母「蒼龍」の江草少佐機が突っ込み、敵艦に直撃弾を食らわせたのだった。

この第2次攻撃を見届けたのが、真珠湾攻撃隊の総隊長で第1次攻撃隊の隊長・淵田美津雄中佐だった。淵田中佐は、第1次攻撃隊の攻撃が終わってもなお、総隊長として真珠湾上空に留まっていたのである。島崎少佐率いる第2次攻撃隊の戦闘指揮と戦果確認のためであった。彼は、そのときの様子をこう綴っている。

〈島崎少佐は、第二波空中攻撃隊を率いて、午前八時四十分(地方時)、カフク岬に達して天か異を下令し、午前八時五十四分に突撃を下令した。

この突撃下令によって、江草少佐の率いる降下爆撃隊七十八機は、東方から接敵して真珠湾に殺到した。そのころ真珠湾は、黒煙立ちこめて、目標の視認を妨げた。不敵な江草少佐は、黒煙を縫うて撃ち上げてくる集中弾幕の筒に沿うてダイブに入った。すると下るに従って軍艦がはっきりと見えて、これを爆撃したのであった。雉も鳴かずば打たれまいという。発砲さえしていなければ、撃たれずに済んだのであるが、発砲していない奴は、もはや傷ついているのであって、江草少佐のやり方は、発砲している健在な奴を狙ったのだから、第一波の攻撃とダブラなくて、まことにうまく行った〉（『真珠湾攻撃総隊長の回想　淵田美津雄自叙伝』）

空母「蒼龍」の急降下爆撃隊に続いて、空母「飛龍」の急降下爆撃隊が湾内の敵艦めがけてダイブしていった。このとき自ら爆撃に参加した板津2等飛行兵曹は、生々しく綴っている。

〈高角砲はますます激しくなってきた。もう猶予できないな、と感じたそのとき、「飛龍」隊の指揮官機が急降下に入った。高度四千三百メートル。

私の機も左にひねって急降下に入った。各小隊いっせいの急降下で、空中は輻輳して接触しそうだ。降下角度は六十度もあろうか。真っ逆さまで体が浮き上がる。

下はフォード島の黒煙と、千メートル付近に断雲があって、目標がはっきり見えない。猛烈な機銃弾が赤線、白線となって下から突き上げ、後方に流れて行く。

「千メートル、ヨーイ……」

ピシピシと音がした。「しまった撃たれたかな」と思ったとき、煙が風に流れて、目標が駆逐艦であることに気づいた。

「右だッ、右の戦艦だッ」

伝声管に思わず大声で叫んでいた。

もう引き起こしが間に合わないかもしれない。操縦桿を大きくひねったので、無理な操作で主翼の表面が波板のトタン板のように波打ってふるえている。

ねらい直した。フォード島の東側に二列にならんでいる戦艦群の先頭に一艦だけ飛び離れている奴だ。フォード島がグーッと大きく迫って来る。やり直しのために、訓練での投下高度より突っ込みすぎることはもう明らかだった。

「テーッ！」

爆弾投下。一杯に引き起こす。また主翼がブルブルと波打っている。ギリギリ一杯で機首を引き起こしたとき、戦艦のマストが左上を後方に流れ、同時に尻の下から、トーンと爆風が来た。煙突後部の艦の中央に火柱が噴き上げていた。

艦型識別ではウェストバージニア型あるいはカリフォルニア型といわれた奴だ（のちの米軍資料ではカリフォルニア）（『丸別冊　戦勝の日々　緒戦の陸海戦記』）

板津2飛曹は、戦艦「カリフォルニア」に250キロ爆弾を見事に叩きつけたのである。

第2次攻撃隊は、第1次攻撃隊と同じく飛行場への攻撃も実施した。

再び淵田中佐の回顧。

〈島崎少佐直率の水平爆撃隊五十四機は、主力を以て、ヒッカム飛行場の格納庫群と、一部を以て、フォード島とカネオヘへの格納庫群を攻撃した。爆撃高度は雲下の千五百米であった。このような低高度爆撃で、熾烈な対空砲火に見舞われながら、一機も失わなかったのは奇蹟である。しかし、約半数に近い二十数機は被弾のため要修理機となって、反復攻撃の場合は、使えなかったのである。

新藤（三郎）大尉の率いる制空隊三十五機は、オアフ島上空の制空権を、第一波の板谷少佐から受け継いで確保すると、そのあと各航空基地の銃撃に移転して、戦果を拡充した〉

（『真珠湾攻撃総隊長の回想　淵田美津雄自叙伝』）

赫々たる戦果をあげた第2次攻撃隊にも天が味方していたのだった——。

トラトラトラ…「真珠湾攻撃」の奇跡③

敵艦を沈める雷撃機や爆撃機の護衛役を務めたのが、当時世界最強の戦闘機と言われた「零式艦上戦闘機」、零戦である。彼らの護衛なくしては、大戦果をあげることは不可能だったのだ――。

当時、世界最強の制空戦闘機だった零戦

大東亜戦争最初の〝航空特攻〟

真珠湾攻撃において、強力な20ミリ機関砲2門、7・7ミリ機銃2丁を搭載した零戦21型で編成された制空隊の存在は大きく、雷撃隊および水平爆撃隊、そして急降下爆撃隊の活躍は、零戦による制空隊の掩護があったからといっても過言ではない。

第1次攻撃隊の総勢183機のうち、43機が零式艦上戦闘機つまり零戦であり、攻撃隊に敵戦闘機を近づけない〝制空〟と、地上に駐機する航空機などを銃撃して破壊する〝地上掃射〟を任務としていた。第1次攻撃隊が真珠湾を襲ったときは完全な奇襲であったため、敵戦闘機は上空におらず、慌てて上がってくる戦闘機は、歴戦のパイロットが操る世界最強の零戦21型の敵ではなかった。制空隊は、バーバスポイント飛行場を銃撃して敵戦闘機多数を地上で撃破した。

一方、第2次攻撃隊が攻撃を仕掛けたときは、濛々と煙が立ちあがり、敵の反撃の態勢が整い対空砲火も敵機の反撃も始まっていた。第2次攻撃隊の制空隊35機を率いた空母「赤城」の進藤三郎大尉はこう記している。

〈予定通り高度六千メートルで行ったんですが、対空砲火の弾幕があちこちに散らばっているのを遠くから見て、敵機だと勘違いして索敵行動をおこしかけました。途中で気づきましたが。

そこで、各隊に各自の目標に向かえ、と解散させ、爆撃が終わるのを待ってヒッカム飛行場に銃撃に入りましたが、それはもう、すごい反撃でしたね。反撃の立ち上がりは早かった。

飛行場は黒煙でいっぱいでしたが、風上に数機のB17が確認できました。それを銃撃したんですが、あまりの煙に目標の視認が困難なので、二撃でやめていったん上昇しました。

進藤三郎大尉

それから、最終的に戦果確認をしてこい、ということだったので、もう一度、高度を千メートル以下まで下げて真珠湾上空に戻りましたが、『これはすごいことになっているなあ』と思いましたね。そしてオアフ島西端カエナ岬西十キロの地点で集合し、艦攻の誘導隊と合流して引き上げました〉（神立尚紀著『零戦　最後の証言　大空に戦ったゼロファイターたちの風貌2』光人社NF文庫）

藤田怡与蔵中尉

空母「蒼龍」の制空隊の小隊長として第2次攻撃に参加した藤田怡与蔵（いよぞう）氏は、空戦の様子をこう語っている。

〈ちょうど岬上空に達した頃、後方でダダ……という音がしたので振り返ってみると、敵機九機が横長の編隊を組んだまま我々を攻撃している。P36だ。不覚にも後上方攻撃を受けたのだ。すぐに翼を振って、戦闘隊形を作らせると同時にこの攻撃を回避して空中戦闘に入った。増槽を落とそうとレバーを引いたが、長途の航海に錆びついたのか、落ちない。下に敵機を発見したので増槽をつけたまま一撃し、うまく命中し引き上げたところ、前上方からほかの敵機が向かってきている。回避する暇がないので、そのままお互いに前方攻撃となった。当方の弾丸は敵機のエンジン付近に吸い込まれていくのが見えたが、敵の弾丸もガンガン当たる。よしぶつかってやれと近づいていった。ところが敵はさすがにその気がなく、眼前で上方に引き揚げていった。広い胴体下面が拡がったので、充分弾丸を叩き込んだ〉（『零戦、かく戦えり！』）

真珠湾攻撃の第1次攻撃隊および第2次攻撃隊を合せた損害は、わずかに29機だった。そのうちの15機が99式艦上爆撃機で、14機が第2次攻撃における被害だった。97式艦上攻撃機は5機、制空隊の零戦は9機が犠牲になり、合わせて55名の空の勇士が真珠湾に散華したのである。

その中の一人が空母「蒼龍」の制空隊の飯田房太(ふさた)大尉だった。中隊長を務めた飯田大尉は、前出の藤田中尉とともに地上攻撃を実施中、地上からの対空射撃によって被弾し、帰還を諦めてカネオへ基地の航空機格納庫めがけて突っ込み壮烈なる戦死を遂げている。

藤田氏は、このときの模様をこう書き残している。

〈編隊がカネオへ上空に差しかかった時、中隊長が私に向かって手先信号を送ってきた。「我燃料なし、下に自爆す」。こちらが了解の信号を送ると、急反転してカネオへ基地の格納庫目がけて突っ込んでいった。その二、三番機は後ろに下がって私の左側に編隊を組んだ。隊長の最後を見届けるべく緩く旋回しながら涙を拭きつつ見守っていたが、隊長機は遂に格納庫の黒煙の中に消えていった〉(前掲書)

これが大東亜戦争初の〝航空特攻〟であった。この飯田大尉機の突入は、真珠湾攻撃を描いた大作映画『トラ・トラ・トラ』でも、俳優の和崎俊哉演じる飯田大尉が被弾後に敵格納庫に突入するシーンとして描かれるほど、衝撃的な出来事だったようだ。当時の米軍も飯田大尉の勇敢な行動を称え、その遺体を丁重に埋葬し、戦後、昭和46年(1971)になって米軍のカネオへ基地内に慰霊碑が建立された。その慰霊碑には次のように刻まれている。

〝JAPANESE AIRCRAFT IMPACT SITE PILOT—LIUTENANT IIDA. L.J.N. CMDR. THIRD AIR CONTROL GROUP DEC.7.1941〟（日本軍機突入場所、搭乗員　飯田房太帝国海軍大尉　第3制空集団指揮官　1941年12月7日）

勇敢な最期を遂げたのは飯田大尉だけではなかった。

第1次攻撃隊の空母「加賀」雷撃隊第2中隊長の鈴木三守大尉、そして第2次攻撃隊の空母「加賀」急降下爆撃隊・第12攻撃隊指揮官の牧野三郎大尉が、同様に壮烈な最期を遂げており、飯田大尉とともに「真珠湾偉勲の三勇士」と称えられ、戦死後、2階級特進して全員が海軍中佐に特昇していたのだ。

また、驚くべき荒武者もいた。第1航空艦隊参謀の源田実中佐はこう記している。

〈第二次攻撃隊の制空隊でヒッカム飛行場を銃撃したのは、赤城および加賀の戦闘機である。その中で未帰還は、加賀の五島一平飛曹長と稲永富雄一飛正である。だからこの話は、この二人の中の一人であるが、五島飛曹長の算が大である。それは、彼を最後に見た加賀搭乗員の報告では、彼は銃撃後、もうもうたる煙の中を降下していったという。

戦後、私がホノルルを訪問したとき、在留日系人から聞いた話である。

一人のパイロットは、ヒッカム飛行場に着陸し、まだ燃えていない飛行機をピストルで撃って歩いていたという。日系の基地勤務員を見つけたとき、

「君たちに危害を加えるつもりはない。早く安全なところに避難しろ」

といっていたという。

どうも、射っても射っても火がつかないので、着陸して火をつけるつもりだったらしい。五島飛曹長は、小柄でガッチリした体軀をもった柔道の達人であり、その人柄からして、こんなことをやりそうな人であった〉（『真珠湾作戦の回顧録』）

まるで映画『ランボー』の主人公のようである。敵飛行場に強行着陸して、零戦から飛び降りてピストルを手に駐機している敵戦闘機を次々と撃ってゆくなんぞ、そんじょそこらのパイロットにできる芸当ではない。源田氏によれば、その五島飛曹長も帰らぬ人となったようだが、日本海軍はこうした29機・55名の尊い犠牲によって、世界海戦史上最大の大戦果をあげたのだった。

【撃沈】
戦艦「カリフォルニア」「ウェストバージニア」「オクラホマ」「アリゾナ」
標的艦「ユタ」
敷設艦「オグララ」
【着底】
戦艦「ネバダ」

工作艦「ベスタル」

【大破】

軽巡洋艦「ローリー」

駆逐艦「カッシン」「ダウンズ」「ショー」

【中破】

戦艦「テネシー」

【小破】

戦艦「ペンシルベニア」「メリーランド」

水上機母艦「カーチス」「タンジール」

軽巡洋艦「ヘレナ」「ホノルル」

日本海軍航空部隊の第1次・第2次攻撃隊計350機は、29機の犠牲と引き換えに、敵戦艦8隻を撃沈破した他、軽巡洋艦・駆逐艦・水上機母艦など10隻を撃沈破し、さらに300機以上もの敵戦闘機を地上で、あるいは空中戦で撃破したのであった。日本軍の大勝利であった。

「日本軍の騙し討ち」という米側のプロパガンダ

だが、航空部隊の大活躍の陰に、小型の〝特殊潜航艇〟による活躍があったことも忘れてはならない。航空部隊の攻撃に合わせて、「甲標的」と呼ばれた5隻の特殊潜航艇が真珠湾内に侵入して敵艦を魚雷攻撃する段取りだった。特殊潜航艇「甲標的」とは、艦首に2発の魚雷を積んだ全長約24メートルの2人乗りの小型潜水艦で、全長約109メートル（95人乗り）のイ号潜水艦に搭載されて作戦海域付近で水中から発進して敵艦攻撃に向かう〝水中決死隊〟だった。

真珠湾攻撃では、5隻の特殊潜航艇を搭載した5隻の伊号潜水艦（伊22号、伊16号、伊18号、伊20号、伊24号）が南雲機動部隊の出撃に先立って呉軍港を出港、攻撃開始の5時間前に、真珠湾まで約18キロの水中から出撃したのである。こうして出撃した5隻の特殊潜航艇のうち、敵駆逐艦に発見されて撃沈されるものもあったが、近年になって、その航空写真の分析から何隻かは真珠湾内に侵入し、敵艦に魚雷攻撃して戦果をあげていたという研究結果も出てきている。しかし、この5隻は全艇が未帰還となっているため詳細は今もって不明のままだ。

彼ら〝水中決死隊〟に対して、後に捕虜となった酒巻和男少尉を除く5隻9人の乗員（岩佐直治大尉、横山正治中尉、古野繁実中尉、広尾彰少尉、佐々木直吉一曹、上田定二曹、横山薫範（しげのり）一曹、片山義雄二曹、稲垣清二曹）は、当時、「九軍神」として広く報じられたのだった。

真珠湾攻撃の総隊長・淵田美津雄中佐は、水平爆撃隊の攻撃で真珠湾口の航門網が閉じられたのを見て、次のように思ったと述懐している。

〈私は、ハッとした。昨夜来、真珠湾にもぐっているであろう特殊潜航艇のことを思いうかべたからである。私は出撃前に、山本連合艦隊司令長官にお願いして、空中攻撃隊の奇襲成功のために、特殊潜航艇は、どんないい機会があっても、空中攻撃隊の攻撃前には、手を出さないようにと、命令して貰っていたのであった。しかしいま見るとこの状況では、特殊潜航艇に脱出の望みはない。いまも辛抱強く真珠湾にもぐっているであろう特殊潜航艇に、私は心から叫んだ。

「特殊潜航艇の諸君有難う。われらは善戦するであろう」〉（『真珠湾攻撃総隊長の回想 淵田美津雄自叙伝』）

日本海軍は空から、海から、アメリカ海軍の太平洋艦隊の拠点であった真珠湾に猛然と襲いかかり、史上空前の大戦果をあげていたのだ。ところがこの真珠湾奇襲攻撃は、日本の卑怯な〝騙し討ち〟と喧伝されてきた。だが、真実はそうではない。日本軍による大戦果が、アメリカをして〝日本の騙し討ち〟なるフィクションを蔓延させたというのだ。

空母「赤城」の制空隊指揮官だった進藤三郎氏はこう述べている。

〈あれは「だまし討ち」ではなく「奇襲」です。最後通牒が間に合わなかったのは事実ですが、アメリカも米西戦争では宣戦布告なしに戦争をした前歴があります。

ハルノートを日本に突きつけた時点で開戦を覚悟し、戦争準備をしていたはず。現に真珠湾でも、砲側に炸裂弾を用意して臨戦態勢になっていて、第一次の雷撃隊からも被害が出ています。

それを「だまし討ち」などというのは、日本側の実力を過小評価していたため、予想外の被害を出してしまった。責任のがれの言い訳に過ぎないと思います。そもそも、戦争に「だまし討ち」などないんだ〉（『零戦　最後の証言　大空に戦ったゼロファイターたちの風貌2』）

なるほど、納得がいく。

もとより不戦を誓って当選した米フランクリン・ルーズベルト大統領は、ナチスドイツに蹂躙されつつあったヨーロッパ戦線に参戦する口実を得るために、当時ドイツの同盟国であった日本に先に手を出させようとしていたとする陰謀説がある。

その囮（おとり）として、ハワイ真珠湾の太平洋艦隊基地が犠牲になったと指摘されているのだが、いずれにせよ、日本がハワイを騙し討ちにしたなどというのはアメリカ側のプロパガンダだったとみるべきだろう。米政府は当時、そうすることでヨーロッパ戦線に堂々と派兵することができ、また進藤氏が指摘するように、あまりの被害の大きさに驚き、その責任逃れのための方便だったとみるのが正しい。

大戦果をあげた真珠湾攻撃――しかし肝心の空母「エンタープライズ」「レキシントン」

が不在であったことは口惜しい。このことがその後の戦いに与えた影響は決して小さくなかった。また真珠湾攻撃で沈没した戦艦の多くが修理の後に戦線復帰を果たしたこともまた予想外であった。だが、それは米軍の工業力の問題であり、真珠湾攻撃の赫々たる戦果はいささかも揺るぐことはない。

昭和16年12月8日、日本軍は、ありったけの力を結集して勇猛果敢に戦い、そして米軍の予想をはるかに超える大戦果をあげたのだった。

「マレー電撃戦・シンガポール攻略戦」の真実

山下奉文中将率いる帝国陸軍第25軍は、海軍による真珠湾攻撃に合わせて、英領マレー半島に上陸作戦を開始した。以降、南北1千キロのマレー半島を驚くべきスピードで攻略、難攻不落の要塞シンガポールに迫った！

自転車で移動した「銀輪部隊」

第25軍を率いた山下奉文中将

スコールに紛れてゴム林を戦車で奇襲

〝ヒノデハ　ヤマガタ〟

開戦日は12月8日であることを伝える暗号電文が、山下奉文(ともゆき)中将のもとに飛び込んできた。海南島から14隻の輸送船に分乗した山下中将率いる第25軍（近衛師団・第5師団・第18師団他）は、海軍の小沢治三郎中将の南遣艦隊に護衛されてタイ領南部のシンゴラとパタニおよび英領マレーのコタバルに上陸作戦を敢行した。

昭和16年（1941）12月8日午前1時35分（日本時間）、コタバルのサバク海岸沖合で上陸用舟艇に乗り込んだ侘美(たくみ)浩少将率いる「侘美支隊」約6千名の将兵が上陸地点目指して突進、同午前2時15分に戦闘が始まった。これは、海軍航空隊によるハワイ真珠湾攻撃より約1時間も早かった。コタバル上陸時間である午前2時15分（日本時間）と、ハワイ真珠湾攻撃開始時間である午前3時25分（日本時間）を比較すると1時間10分の差でマレー上陸作戦が先行していたことになる。

つまり、大東亜戦争は真珠湾攻撃ではなく、マレー半島上陸戦で幕を開けたのだった。

「大本営陸海軍部発表、十二月八日十一時五十分、我ガ軍ハ陸海緊密ナル共同ノモトニ、本八日早朝、マレー半島方面ノ奇襲上陸作戦ヲ敢行シ、着々戦果ヲ拡張中ナリ!」

対米英開戦を告げる大本営発表に引き続き、昭和16年12月8日のラジオ放送は、マレー半島上陸作戦の成功を力強く伝えた。山下中将は、部隊の一部を英領マレーのコタバルに向かわせる一方で、本隊を、タイ領のシンゴラとパタニに上陸させてマレー半島1100キロを一気に南下して英軍の牙城シンガポール目指して進撃を開始したのである。

侘美浩少将

当時、アメリカが主導した対日経済封鎖網〝ABCD包囲網〟によって、日本は、あらゆる工業資源の輸入の道を断たれていたため、イギリス領のマレー半島を攻略し、その先にあるオランダ領のインドネシア（蘭印）の石油資源を確保する以外に日本が独立国として生き残る道はなかったのだ。つまり、大東亜戦争は日本の自存自衛の戦いであり、侵略戦争などでは断じてなかったのである。

■「マレー作戦」概要図

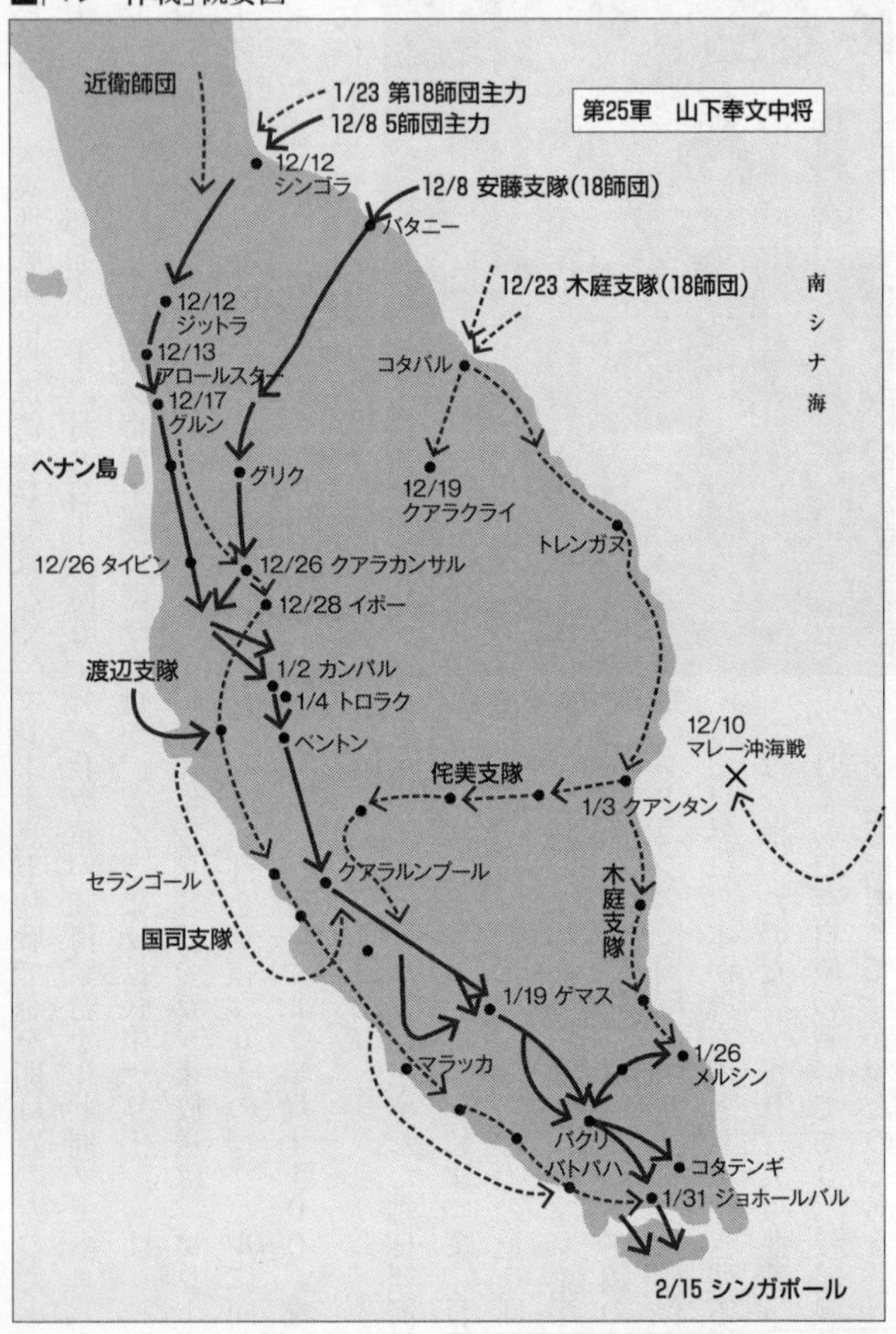

参考／『戦史叢書』

またこの戦争で、イギリス領の香港とインドの中間点に位置し、東洋支配の中心であったシンガポールからイギリスを追い出すことは、アジア解放の第一歩となる。マレー攻略戦は、日本の自存自衛とアジア植民地の解放という大東亜戦争の大義そのものだった。当時、英国の圧政に苦しんでいたマレー人にとっても英軍を駆逐する日本軍が〝解放者〟として映ったことは言うまでもない。

だが、要衝シンガポールを陥落させ、南方の石油を確保するためには、南北約1千キロものマレー半島をできるだけ早く南下しなければならなかった。敵に防御態勢を固めさせる余裕を与えてはならなかったからだ。そこで陸軍は、悪路を迅速に機動できる戦車部隊を投入したのである。

山下奉文中将の率いる第25軍は、近衛師団・第5師団・第18師団を主力として、野戦重砲連隊2個および大隊1個、独立臼砲大隊1個、独立工兵連隊3個に加えて第3戦車団を擁する大部隊であった。

マレー半島に上陸した日本軍は、戦車部隊を先頭に突き進んだ。あっという間に英軍の第11インド師団が守る堅陣ジットラに襲いかかるや、インド兵たちは猛進する日本軍戦車に恐れをなして逃げ出す始末であった。インド兵はこれまで戦車と戦ったことなどなかったのである。日本軍戦車部隊は、現地の自然環境を見方につけて攻撃を仕掛け、敵を翻弄し続けたある戦闘では、突然の猛烈なスコールに紛れて攻撃を仕掛けた。

〈炎熱に喘ぐ地上いっさいの生物への無二の慈雨だ。敵も味方も、戦いから解放してくれる滝のような雨である。視界はほんの眼の先だけだ。

「そうだ、やるならいまだ」

さっそく、付近にはいつくばっていた車外員や、捜索隊の兵たちを戦車上に乗り込ませ、戦車隊長は、深い息を吸いこむと同時にこう決心した。

「行くぞ」と令するや、大胆不敵の敵陣突破の壮挙が開始されたのだ。

それは何人も予期しなかった、一瞬のできごとだった。戦車の轟音とその姿は、スコールのために完全にかき消され、敵兵はゴム林の木陰に、合羽をすっぽりとかぶって雨宿りをしていた。

敵陣に入るや、路傍に並んでいる敵の戦車や牽引車や自動車群に、急射を加えながら奥へ奥へと突進して行く。そのうちに事態の急を知った敵兵が右往左往しはじめる。機銃がそれを薙ぎ倒してゆく〉（『丸エキストラ戦史と旅⑧』潮書房）

戦車エンジン音をスコールで隠すなど、誰が考え付くだろうか。このような奇策は他に類例をみない。この戦車による夜襲は、天才指揮官の島田少佐が連隊長に提案した作戦だった。敵の意表をついて混乱させ、かつ敵の頼みの対戦車砲を封印しながら歩兵とともに一気に敵陣を制圧する戦法というわけだ。これをヨーロッパのような大草原で行うのならともかく、ゴム林の中でやってのけようというのだから相当の覚悟が必要だった。

闇夜の中を我が歩兵・工兵と協同し、時速8キロというゆっくりとしたスピードでゴム林の中を進撃する島田戦車隊の97式中戦車を、敵兵はどのような気持ちで迎え撃ったのだろうか。さぞや恐ろしかったに違いない。戦車による夜襲の様子を島田少佐は次ように記録している。

〈第二線鉄条網を圧倒する。バリッバリッバリッ。撃った、そのときだ。雷雨にいなずまがさしたように、敵陣はパッと昼のように明るくなった。ゴム林は金砂、銀砂を一面にふりかけたような敵の発射光につつまれたかとみるまに、彼我の銃砲声は、一瞬にして全戦場を興奮のるつぼにたたき込んだ。戦車はあふりをくってガクンとゆれた。敵弾は、私の頭のまわりの砲塔に、カチカチガァンガァンと当っている。見渡すかぎりの敵陣からは、青や緑や黄の曳光弾がふきだして、戦車めがけて集中してくる。それを押しかえすように戦車砲弾が敵陣めがけて火の雨をそそぐ。全車全力の一斉射撃だ。隊長車も本部車輌も、総力を上げての連続発射だ。

島田豊作少佐

私は送話器をほうりだすと、車長にかえって砲手に号令した。

「十一時の方向、アカ、うてっ」

砲手が左前の十時の方向に散在する、こまかい密集火光をめがけて射撃を加えていたのだが、その少し右寄りに突如、赤黄色の大きな発射火光をみとめたのだ。速射砲だ。アカと略称していた。

（中略）砲手は射向を移すが早いか、ダァーンとうちあげた。地雷でも炸裂したように戦車砲弾が速射砲のすぐ手前に炸裂した。土砂もろとも、まっ赤に染めて、敵は人も砲も吹き上げられた。

砲手は、すぐにまた青白い密集火光に射撃を移した。その着弾するごとに、敵兵や機銃がふっとぶのが炸裂火光に映しだされた。そのたびに、そこを中心とした半径十メートル内外の火光が、パッと消えてもとの闇と化した〉（島田豊作著『島田戦車隊』光人社）

「夜襲」とはこのような凄まじい戦闘だったのだ。日本軍は、地元マレーの人々の絶大なる支援と協力によってこうして次々と英軍の要衝を攻略していったのである。

快進撃を続けた日本軍は、主都クアラルンプールの防波堤となる要衝スリムリバーへと迫った。そこで英軍は、巧みに構築した陣地に2個師団の大兵力を配置して日本軍を待ち構えた。

一方、先陣をきって南下を続ける戦車第6連隊長・島田豊作少佐は、わずか十数両の戦車と100名の歩兵・工兵による夜襲でこの堅塁を突破しようと考えていた。そして奇襲は見事に成功した。なんと日本軍は、わずか十数両の戦車と100名の兵員で2個旅団の英軍を粉砕したのである。

島田少佐はこのときの戦闘をこう記している。

〈暁とともにわが鉄獅子の捨身の猛襲は、完全に敵の虚をついた。敵の狼狽はその極に達し、その威力を発揮することができず、無惨にもスリム河畔を朱に染めて、潰滅の運命をたどったのである。

すなわち、第一線兵団の急を知って、増援に急進してきた敵自動車群に満載されていた一個連隊の歩兵は、わが戦車砲、機関銃のすれちがいざまの射撃につぎつぎと自動車もろとも粉砕された。

さらにゴム林内に露営中の歩兵、砲兵、戦車群は、天幕からとび出すまもなく、とび込んだ我が戦車隊の砲撃の餌食となった。

また、ゴムの木もろとも、戦車の圧倒蹂躙に身を委ね、砲兵群は、整然と並んだ砲車に近づくひまもなく、わが銃撃に薙ぎたおされ、砲車はのしかかった戦車の下敷きになってつぶれた〉(『丸エキストラ戦史と旅⑧』)

敵の司令部は、出発点から約15キロ離れた町にあったという。この間、15キロのゴム林はすべて、敵、敵、敵の露営地であったというから驚きだ。それでも日本軍戦車隊は、その敵陣を鬼神のごとく突進していったのだった。

〈やがて町の十字路にひときわ高い洋館が建っているのが望見されたが、これがめざす司令部であるとは、哨兵と国旗と、将校用の自動車が庭前に居並んでいることで、一目瞭然であった。

その前にピタリと止まった十数両のわが戦車は、砲塔を窓に向けると一斉射撃に移った。敵師団長をはじめ幕僚たちが、枕を並べて討死するには五分とはかからなかった〉（前掲書）

マレー攻略作戦の成功は、日本軍戦車部隊の果敢な電撃戦にあったのだ。

そしてもう一つ、マレー電撃戦の功労者が〝自転車〟であったことも忘れてはならない。進撃速度が求められたこの戦いでは、日本軍は、歩兵を自転車で進撃させるという奇想天外な自転車機動部隊（通称〝銀輪部隊〟）を編成してマレー半島を一気に南下していったのだった。

戦車部隊と軽快な銀輪部隊はマレーの密林を驀進した。その進撃速度は凄まじく、鉄壁の守りとされたジットラやアロールスターなどの英軍陣地を次々と突破していった。そんな日本軍の勇姿に地元民は感動し、そして拍手喝采したという。こんなエピソードがある。

当時の未舗装の悪路を長らく自転車で走っていると、しばしばタイヤがパンクしてしまった。それでも自転車を走らせていると金属音が響きはじめる。なんとある戦線では、密林に潜む英軍兵士らが、その自転車が発する金属音を戦車部隊の行軍と間違えて撤退した例もあったというから面白い。

また、歩兵第5連隊長・岩畔豪雄（いわくろひでお）大佐は、こんなエピソードも紹介している。
〈パンクは、ゴムの木から取った生ゴム液を、ゴム片に塗り、蝋燭の火で暖めれば簡単に修理できることが、ささやかな発明家によって考案されると、その日のうちに隊内に普及していった。そして性能のわるい自転車に乗っている者は、マレーの村に行って新しい車（自転車）と交換した。
マレー人は、わが軍に対し、いつも非常に協力的だったので、自分の自転車を無条件で交換してくれたばかりでなく、華僑の家に案内して、かくしている新しい車（自転車）を見つけてくれさえした。そのおかげで、銀輪部隊の自転車は、一日一日と新しくなり、落伍者がほとんど出ないようになった〉
（岩畔豪雄著『シンガポール総攻撃』光人社NF文庫）

岩畔豪雄大佐

マレー人の日本軍に対する協力は、日本兵が驚くほどのものだったという。
〈ある者はバナナの葉につつんだナシ・ゴレン（マレイ風焼飯）とココナツ・ヤシの果水を差し出し、ある者は南方のさまざまな果物を大きな籠に盛ってささげ、若者たちは先を争うようにして日本軍の弾薬箱を担ぎ運び、泥道で走行不能となったトラックを押し、ジャングルの獣道をたどる近道を先頭になって案内をひきうけた。日本軍将兵はとまどい驚いたが、やがてマレイ人の歓迎と協力の真摯な態度を知り、戦塵で荒んでいた気分をなごませ、感動し感激した〉（土生良樹『神本利男とマレーのハリマオ』展転社）

いったいこれはどういうことなのか。むろん、イギリスの植民地支配に苦しむ彼らが、日本の力を借りてイギリスの過酷な統治から解放されたいと強く願っていたからなのだが、それだけではなかったのだ。実は、この地に古くから伝わる「ジョヨボヨの予言」なる神話があり、これが大きな影響を及ぼしていたのだ。

ジョヨボヨの予言とは、〈北方の黄色い人たちが、いつかこの地へ来て、悪魔にもひとしい白い支配者を追い払い、ジャゴン（とうもろこし）の花が散って実が育つ短い期間、この地を白い悪魔にかわって支配する。だが、やがて黄色い人たちは北へ帰り、とうもろこしの実が枯れるころ、正義の女神に祝福される平和な繁栄の世の中が完成する〉（前掲書）というもの。

つまり、ここで言う〝黄色い人〟とは日本人を、〝白い支配者〟がイギリス人を指しているわけだ。マレー人は、その神話の通り白い支配者を打ち倒してゆく北方からやってきた黄色い日本軍を、予言に登場する〝神〟として歓迎したのである。

また日本軍は、人跡未踏の密林を駆け抜け、あるときは撤退する敵軍を追い抜いてしまったというから傑作だ。河川湖沼にぶつかればトラックを分解して渡し、再び組み立てて走らせたため、英軍将兵は、いつの間にか目の前に現れた〝幽霊トラック〟に驚愕したという。この漫画のようなエピソードには、思わず吹き出しそうになる。

マレー作戦は、退く英軍とこれを追う日本軍の追撃戦だった。英軍は、南北1千キロの半島に架けられた250もの橋梁を次々と爆破しつつ南部へ撤退した。そして日本軍工兵隊は、破壊された橋を次々と修復して敵を追撃した。平均すれば4キロごとに橋があったことになり、橋を補修したり新たに架けたりする工兵隊の活躍なくしてマレー作戦の成功はあり得なかったのだ。

こうして日本軍は、まるで〝ハードル走競技〟のように次々と英軍の防御網を突破して昭和17年1月31日の夕刻、ついにマレー半島最南端のジョホール・バルに到達した。

山下中将率いる陸軍第25軍が、1100キロのマレー半島を縦断するのに要した日数はわずか55日。さらに驚くべきは、わずか3万5000人の日本陸軍が、約8万8000人の英連邦軍を打ち負かしたことだ。しかも55日間の交戦回数は95回で、これを平均化すれば1日に約2回の戦闘を行った計算になる。この戦闘で日本軍は、英軍に2万5000人の損害を与え、5個旅団を壊滅せしめた。一方、日本軍の被害は、戦死1793人、戦傷2772人にとどまった。

日本軍の完全勝利だった。

日本軍の進撃速度は、1日平均約20キロ／時であった。日本軍は、雨天や敵の睡眠時を狙って奇襲をかけ、不可能と思われた渡河地点から川を渡り、そして想像もできない未踏のジャングルを突破していったのである。英軍は神出鬼没の日本軍に恐れをなして撤退していったという。

山下奉文中将の賭け

圧倒的なスピードでジョホール・バルに到着した日本軍は、幅1キロの水道を挟んで対岸にあるシンガポールに王手をかけた。ところが、この時点で日本軍の弾薬・食糧は、底を尽きかけていたのだ。そこで、〝マレーの虎〟と呼ばれた山下奉文中将は大きな賭けに出た。山下中将は日本軍の弾薬は無尽蔵であるように見せかけるため、あえて手持ちのありったけの砲弾をシンガポールの敵陣地へ叩き込んだのだ。後に山下中将はこうふり返っている。

〈わたしのシンガポール砲撃はハッタリ―うまく的中したハッタリであった。わが軍の兵力は三万で、敵の三分の一以下であった。シンガポール攻略に手まどれば日本軍の負けであることはよく判っていた〉（ジョーン・D・ポッター著・江崎伸夫訳『マレーの虎　山下奉文の生涯』恒文社）

この大博打は〝吉〟と出るか〝凶〟と出るか。

大量の砲弾がシンガポール島に布陣するオーストラリア軍の頭上から降り注ぎ、これに呼応するかのように日本軍航空部隊がシンガポールの軍事施設を爆撃し始めた。すると英軍の最高指揮官アーサー・パーシバル中将は、日本軍は英軍よりも砲・弾薬を豊富に保有しているものと思い込んでしまったのである。昭和17年（1942）2月8日夜半、ついに日本軍上陸部隊は、シンガポール目指してジョホール水道の渡河作戦を開始した。

第25軍作戦参謀だった國武輝人元陸軍少佐はこのときの様子をこのように回想している。

〈二百年にわたり、東洋に覇をとなえた英国の拠点シンガポールも、わが連日の砲爆撃で、数箇所の油貯蔵所から火災を起こし、黒煙が数千メートルに達して天を蔽い、凄惨の気がみなぎっている。

この日、航空部隊の爆撃とともに軍、師団砲兵が午前十一時からあいついで射撃を開始し、ほぼ敵を制圧したかに見えた。

午後二時からスコールが襲って、全天が油煙をまじえて真っ黒になり、嵐の前を思わせた。しかし、午前六時には晴れわたって絶好の上陸日和となった。

熾烈な掩護射撃のもと、部隊は午前零時に発進、その二十分後には、第五、第十八師団正面に上陸成功の青吊星が上がった。まさに感激の一瞬である〉（『丸』別冊―戦勝の日々　潮書房）

マレーシアとシンガポールを結ぶ陸路コーズウェイもあったが、あえて日本軍は舟艇に分乗してシンガポール島北部の西側から敵前上陸を行ったのである。背水の陣で臨んだ英軍も必死に抵抗したが、彼らにはもう後がなかった。

日本軍を待ち受けていたのは、勇猛で知られた英軍の中のオーストラリア軍であった。そのため彼らの激しい抵抗を受けた日本軍は大きな損害を被った。だが、日本軍将兵は怯むことなく突進を続け、3方向からシンガポールの中心部に迫っていった。敵の抵抗も熾烈を極めた。だが貯水池を日本軍に抑えられ、袋の鼠となった英軍は、もはやこれ以上の戦闘継続が困難となった。

昭和17年2月11日の紀元節、テンガー飛行場に司令部を移した山下中将は悩んでいた。市街戦となれば、日英両軍はもとより市民にもその巻き添えとなって犠牲者が出る。山下中将はこれをどうしても避けたかった。しかも、日本軍にはもはや弾と食糧が底をつきかけていた。そこで山下中将は、またもやある奇策を思いついた。それは敵将パーシバル中将への降伏勧告だった。山下中将は、無駄な抵抗は止めて直ちに降伏するよう記した手紙を通信筒に入れて、英軍司令部の上空から投下したのである。

英軍側も、将兵の士気は低下し部隊としての統率が困難になりつつあった。だがパーシバル中将は、山下中将の降伏勧告を拒否。だが彼は揺れていた。部下たちが「降伏すべし」と最高司令官に具申したこともあって、パーシバル中将は内々にジャワ島のウェーベル大将に最終決断の裁量権を求めたのだった。だがウェーベル大将からは〝継戦〟の命令が返ってきた。そのため日本軍は、やむなく3方向からシンガポールの中心を目指して進撃を続けた。

そして迎えた2月15日、ついに英軍の軍使が白旗を掲げて日本軍陣地を訪れたのである。すぐさま、日英両将が顔を付き合わせ、フォード工場の会議室で降伏について交渉が始まった。

「イエスかノーか！」――山下中将は、敵将パーシバル中将に無条件降伏を迫ると、敵将パーシバルは山下将軍の無条件降伏の勧告を受け入れ、イギリスが東洋に築き上げた難攻不落の要塞シンガポールはここに陥落したのである。

このシンガポール陥落時の様子を、歩兵第5連隊長・岩畔大佐はこう回想している。

〈将校斥候に出した今井准尉が息をはずませながら帰ってきた。

「シンガポール陥落です。敵は全面的に降伏しました」

にわかに起こる感激の声―将兵はみんな泣いている。この涙こそ戦う者にとって、すべての人間にとって最高の涙ではないだろうか。あちらこちらで肩から戦友の遺骨をおろし、生ける者に話すように小さな箱に向かって戦勝を告げている。

東洋の牙城シンガポール。バンコック出発以来、一日として忘れることのできなかったシンガポール。それがいま、一時間前までの戦闘はどこかに忘れてしまったように、まったく静寂にかわって、われわれの手中に帰したのである。なぜか知らないが、ひとりでに、涙がとめどもなく流れた。だれもかれも泣いている。上官も部下も、思い思い、それぞれの感激にむせんでいる。われわれは遂に勝ったのだ〉(『シンガポール総攻撃』)

シンガポール占領後、山下中将は、激戦地であったブキバトックの丘陵に、日本軍戦没者を慰霊するため「昭南忠霊塔」を建立した。

だがそれだけではなかった。山下中将はこの忠魂塔の裏側に、高さ約3メートルもの大きな十字架を建てて英軍兵士の霊を弔うことも忘れなかった。このエピソードは、シンガポールの中学2年の『現代シンガポールの社会経済史』(1985年版)で紹介されているという。その教科書には、マレー半島南部のゲマスにおける戦闘について次のような記述がある。

〈オーストラリア兵達の勇気は、日本兵、特に彼らの指導者によって称賛された。敬意のあかしとして、彼らは、ジェマールアンのはずれの丘の斜面の、オーストラリア兵二百人の大規模な墓の上に、一本の巨大な木製の十字架をたてることを命じた。十字架には、「私たちの勇敢な敵、オーストラリア兵士のために」という言葉が書かれていた〉(名越二荒之助編『世界からみた大東亜戦争』展転社)

まさしく武士道精神である。近現代における日本軍人の振る舞いの一端が窺える。かつてマレー半島で、対戦車砲をもって日本軍と戦ったオーストラリア軍のケニス・ハリスン軍曹は、その著書『あっぱれ日本兵』(塚田敏夫訳、成山堂書店)でこう述べている。

〈年がたつにつれ、ちょっと意外なことが起こった。日本兵を著しく称賛するようになった自分に気づいて、いくら力んでみても、私は彼らに対する憎しみを何一ひとつ見いだせなかった。それどころか私はますます日本兵の基本的長所―忠誠、清潔、勇気、を思い出し、本を読めば読むほどに、彼らは並はずれて勇敢な兵士だったと確信するに至った〉

こうした事実を多くの日本人は知らされていない。

【コラム】大成功を収めていた日本軍のインテリジェンス

かつてドイツのヴィルヘルム皇帝をして、「明石1人で、大山巌大将率いる20万の日本軍に匹敵する戦果をあげた」とまで言わしめた傑物こそ、誰あろう陸軍大佐（当時）明石元二郎（もとじろう）である。

明石元二郎とは、かの日露戦争の最中に欧州各地でレーニンら革命運動家と接触を重ね、ロシア革命を煽動してロシア国内を混乱に陥れることで、日露戦争を勝利に導いたその大功労者である。

1904年、明石大佐はスイスのジュネーブでロシアの革命家ウラジミール・レーニンと面会し、ロシアのロマノフ王朝を倒すための運動に対して日本政府が資金援助すると申し入れた。当時の金で100万円、現在なら数百億円に相当する莫大な工作資金を背景に、明石大佐は、レーニンにロシア革命の実行を迫った。明石大佐は、現代の米CIA顔負けの謀略・諜報戦をロシアに仕掛けたわけだ。

当初レーニンは、それは祖国への裏切り行為になるとして申し入れを辞退したが、交渉術に長けた明石大佐の説得に遂には受け入れたのである。レーニンが後に「明石大佐には感謝状を出したいくらいである」と語っていることが、彼の工作の大成功を物語っている。

つまり、陸軍大佐・明石元二郎は、今で言う〝官房機密費〟を有効に使い、巧みな交渉術で敵国の革命家レーニンを動かし祖国日本の危機を救ったわけである。その遺伝子が大東亜戦争にも受け継がれていたことはほとんど知られていない。あまつさえ、〝情報戦〟に敗れたため、戦にも敗れた——とする言説が流布する大東亜戦争だが、実は日本軍は欧米列強が驚嘆する大掛かりな謀略・諜報戦に成功していたのだ。

敵軍の中の植民地兵を寝返らせ我が戦力にするという、催眠術師のような離れ業をやってのけたのが藤原岩市少佐であった。マレー・シンガポール攻略作戦を前に、日本軍は藤原少佐を長とする諜報工作の特務機関「F機関」(Friend, Freedom そして Fujiwara の頭文字)を編成してこれに備えた。

F機関の任務は、マレー半島に布陣する英軍の7割を占めるインド兵に投降を呼びかけ、彼らをインド独立のために立ち上がらせることであった。その構成メンバーは、民間人を含めて10余名。スパイ養成機関として知られる陸軍中野学校出身の中でも優秀な若手将校をはじめ、マレー語に堪能な60歳近い実業家までと幅広かった。

かつてF機関で藤原少佐とともに工作活動にあたり、後にチャンドラ・ボースの通訳を務めた国塚一乗（かずのり）中尉は、藤原少佐についてこう語る。

「一言で言えば、藤原さんは〝情〟の人です。そりゃ情の深い人でした。とにかく我々部下を我が子のようにかわいがってくれましたから、部下はみな藤原機関長のためなら命を捧げようと考えておりましたよ」

　開戦後間もなくして、英領マラヤ北端のアロールスター近郊のゴム園にインド兵が大勢潜んでいるという情報が入った。そこで、藤原少佐は彼らにこちらの真意を理解してもらうため、武器を携帯せずに現地に急行したという。そしてインド兵に誠意をもって日本の戦争目的と大東亜戦争の大義を説き、インド独立のために戦おうと呼びかけた。インド兵は藤原少佐の説得に感動し、日本軍とともに戦うことを決意したのである。

明石元二郎

　この中に、後に「インド国民軍」（INA）を組織して日本軍とともに英軍と戦うことになるモン・シン大尉がいた。意気投合した藤原少佐とモン・シン大尉は、インド独立のために共闘することを誓い、転向インド兵数名とF機関員1名が1チームとなって英軍内のインド兵を次々と説得していったのである。すると、まるでドミノ倒しのように各地でインド兵達が次々と寝返っていったという。世界戦史上、かくも見事な諜報戦で敵を寝返らせた例は他に類を見ない。日本軍は史上最大級の諜報戦を成功させ、大英帝国を崩壊させたのである。

もうひとつ、マレー電撃戦成功の裏に2人の日本人がいたことをも忘れてはならない。

〝ハリマオ〟こと谷豊（30）と神本利男（33）という日本人青年である。

父の仕事で英領マレー半島に移り住んだ谷豊は、当地で理髪店を経営する父の仕事を手伝っていた。その後、彼が単身で日本へ帰国中に華僑による排日運動が起こり、そのとき、幼い妹が惨殺されてしまったのである。深い悲しみの中でマレーに戻った谷豊は、同時に華僑の犯人を無罪放免にした大英帝国への復讐を誓ったという。

まるで活劇映画のような話だが、千人以上ものマレー人を従え、裕福なイギリス人や華僑を次々と襲っていった谷豊の存在は、たちまちマレー半島全域に知れわたり、いつしか彼は民衆からも畏敬の念を込めてマレー語で「虎」を意味する〝ハリマオ〟と呼ばれるようになったのである。

そんなハリマオと接触したのが、陸軍中野学校出身の神本利男だった。神本は、満州国をはじめ各地を渡り歩いて諜報活動を行い、その生涯をアジア解放のために捧げた民間人であった。

当時大東亜戦争が目前に迫っていたが、日本軍はマレー半島の詳細地図をはじめ英軍の戦力に関する現地情報に乏しかった。そこで当地を知り尽くしたハリマオの協力が必要だったのだ。神本は熱心に説いた。そしてついに、ハリマオは神本に協力することを決心する。

ハリマオの一団は早速、マレー人労働者になりすまして英軍最大の防御陣地ジットラの工事現場に潜入し、敵陣地およびその周辺の地図など貴重な軍事情報が次々と日本軍のもとに届けた。ハリマオらは、英軍陣地の築城工事を遅らせるためにトーチカ陣地を造るのに不可欠なセメントを盗んでは沼地に沈め、あるいは建設機械を故障させるなど、あらゆる手段を使って妨害工作を行った。こうした工作活動は、日本軍の進撃を助け、そして最終的な局面における日本軍の勝利に大きく貢献したという。

〝ハリマオ〟こと谷豊と神本利男という若い2人の民間人が日本軍の電撃戦を陰で支え、マレー電撃作戦そしてシンガポール攻略戦を成功に導いていたのである——。

世界が驚愕した「マレー沖海戦」

昭和16年（1941）12月10日、日本海軍航空隊は英海軍の東洋艦隊を攻撃した。マレー半島北部に上陸した陸軍第25軍の戦闘をマレー電撃戦と呼ぶのに対し、マレー沖海戦はマレー周辺の制海権をめぐる戦闘である。日本海軍の主力は96式陸上攻撃機と一式陸上攻撃機であった。両機とも対艦攻撃用の爆弾や800キロ魚雷を搭載することができた。「航空機による航行中の戦艦撃沈は不可能」とされていた当時の常識を覆した海戦の真実――。

日本軍の雷撃から逃れるべく回避行動をとる英戦艦「プリンス・オブ・ウェールズ」（左手前）と「レパルス」

マレー沖海戦で戦果をあげた一式陸攻

敵艦水兵の顔が見えるほどの接近戦

〈私は独りであることに感謝した。戦争の全期間を通じて、これほどの強い衝撃を受けたことはなかった――〉

イギリスの首相ウインストン・チャーチルは、戦後、その著書『第二次世界大戦回顧録』でマレー沖海戦の大敗北をこう回想している。

昭和16年（1941）12月10日、英戦艦「プリンス・オブ・ウェールズ」および「レパルス」は、マレー半島東岸のクワンタン沖で日本の海軍航空隊によって撃沈され、英東洋艦隊は開戦3日目にして壊滅した。マレー沖海戦はチャーチル首相にとって天地がひっくり返るほどの衝撃だったのである。激闘およそ2時間、大英帝国のアジア支配の象徴ともいうべき「プリンス・オブ・ウェールズ」は、僚艦「レパルス」と共に、空からの爆・雷撃を受けて波間に消えていった。

昭和16年12月8日、日本軍がマレー半島に上陸したことを受け、英トーマス・フィリップス提督率いる英東洋艦隊は、戦艦「プリンス・オブ・ウェールズ」および「レパルス」を主力として駆逐艦「エレクトラ」「エクスプレス」「テネドス」、豪駆逐艦「バンパイア」の4隻を加えた「Z部隊」を編成して、シンガポールから日本軍輸送船団攻撃に向かった。翌日、日本海軍の伊65潜水艦がこれを発見し、ただちに小沢治三郎中将率いる重巡洋艦「鳥海」旗艦の南遣艦隊が急行した。だが、惜しくも会敵することはできなかった。

迎えた12月10日、今度は伊58潜水艦がZ部隊を発見。この敵発見の報を受け、ベトナムのサイゴンに司令部を置く海軍第22航空戦隊（松永貞市少将）が索敵機を飛ばして索敵に努めた。

午前11時45分、ついにマレー半島クアンタン沖に敵艦隊を発見し、第22航空戦隊の元山・美幌・鹿屋の各航空隊の一式陸上攻撃機と96式陸上攻撃機の合計85機が攻撃を開始した。かくして航空機対高速航行中の戦艦の史上初の決戦が始まった。

まずは美幌空の白井中隊8機の96式陸攻が、それぞれ2発ずつ積んだ250キロ爆弾を投下すると1発が「レパルス」に命中した。続いて元山空が現場に到着。元山空の第1中隊2番機として本海戦に参加した大竹典夫一等飛行兵曹は、飛行隊長中西少佐が乗り込んだ石原大尉の第1中隊長機が、敵艦を発見したときの様子についてこう記録している。

〈分隊長が左前方を指している。中西隊長が窓に顔をすり寄せるようにして、双眼鏡で見ている。分隊長が私に手信号で左前方を見よ、と指差しているが、私の席からは自分の飛行機

がじゃまになって、見えない。富田兵曹が大声で、

「機長、敵艦です」

ほとんど同時に山本兵曹が、

「機長、ト連送」(突撃電報のこと)

一番機は左右に大きくバンクし、右に変針しつつ突っ込んでいった。私も、

「突撃だ、戦闘機に注意」

と大声で叫んで、一番機につづいた。さらに、

「攻撃の手順報告しろ」

大声でどなった。各人から「準備よし」が富田兵曹をとおして返って来た。私もACレバーを戻し、エンジンレバーの締付けを固定した。私はまだ敵艦をはっきり確認していなかったが、一番機にピッタリついて突っ込んでいった。断雲をぬけて雲の下側に出ると、そこにはっきりと二隻の戦艦が南進しているのが、目に入った。三隻の駆逐艦を左右と前衛に配している。

一番機が小隊解散、突撃のバンクをした。私も三番機も一瞬、距離をひらいた。

私は富田兵曹に対空見張りと各機銃試射を命じた。と、まもなく各銃から勇ましい発射音がひびき、火薬のにおいが機内に流れた〉(『丸別冊 戦勝の日々』潮書房)

魚雷を抱いた元山空の石原中隊と高井中隊の96式陸攻16機が雷撃するや、「レパルス」は

■「マレー沖海戦」概要図

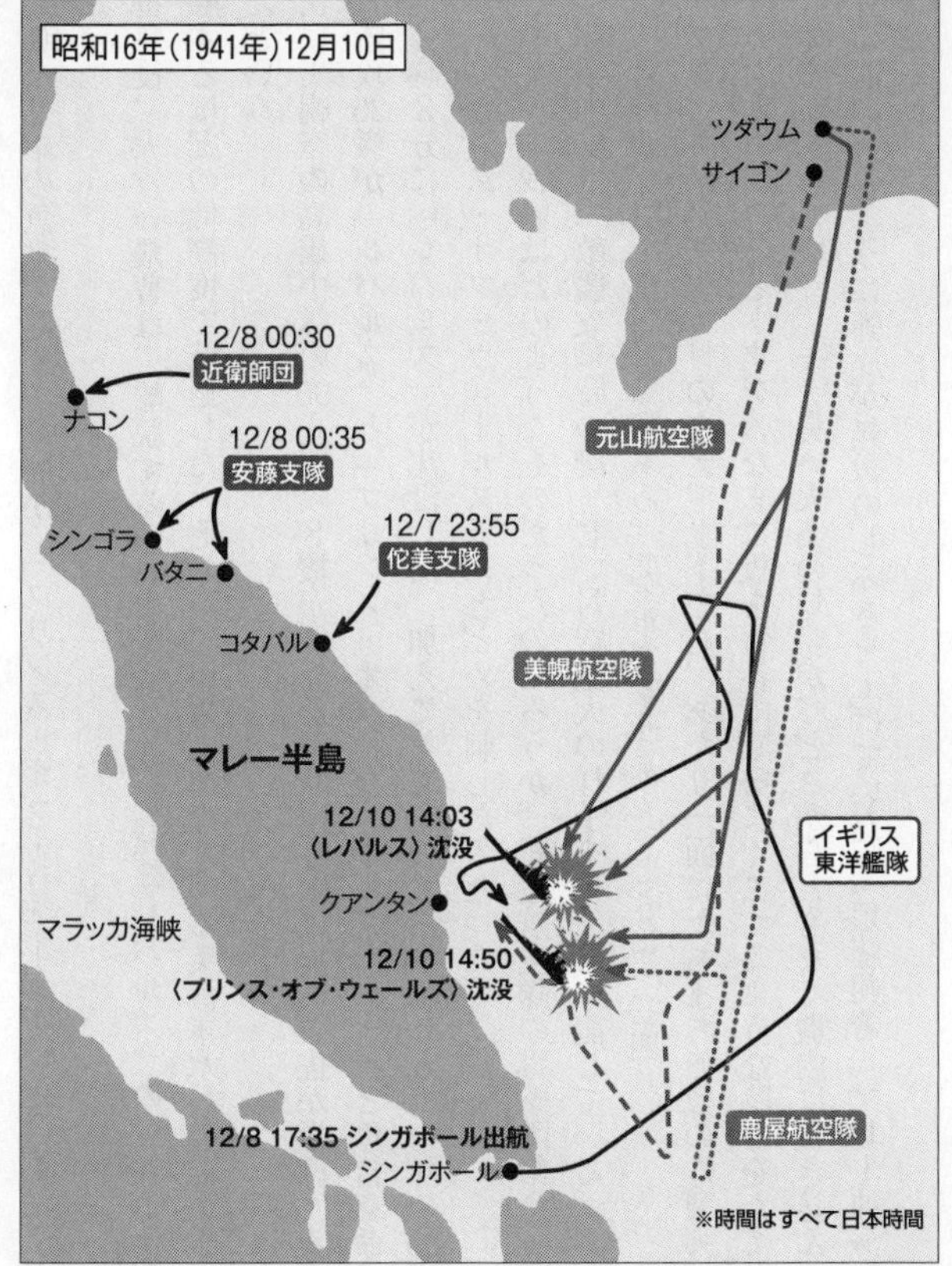

『激闘!　太平洋戦争全海戦』(双葉社刊)より転用

放たれた8本の魚雷を回避できたが、「プリンス・オブ・ウェールズ」には魚雷2発が命中した。

雷撃後、大竹一飛曹は、離脱するため右90度に変針し、「レパルス」のマストが右翼端に接触するほどの低高度で航過した。その際、甲板上を走り回る英海軍水兵の姿が眼に焼き付いたという。

次に美幌空の高橋中隊の96式陸攻8機が襲いかかり、さらに宮内少佐が指揮する鹿屋空の一式陸攻26機が「レパルス」と「プリンス・オブ・ウェールズ」に次々と魚雷を命中させて、午後2時3分に「レパルス」が沈没した。加えて美幌空の武田中隊と大平中隊の96式陸攻17機が「プリンス・オブ・ウェールズ」にとどめを刺したのだった。

このときの戦いはどのようなものだったのだろうか。鹿屋航空隊の雷撃隊第2小隊長だった須藤朔(はじめ)中尉は、敵艦攻撃時の凄まじい対空砲火の様子を生々しく記している。

〈指揮官機が、翼を左右に二回ふる。「全軍突撃せよ!」ときに一三四八。

ダダン、ダダダダン。目のまえ、上下左右、あたり一面にたちまち無数の炸裂弾。機体はガクガクあおられる。トタンのなまこ板を竹箒で威勢よくこするような唸りをたてて、弾片が機体をかすめてゆく。キナ臭い火薬の匂いが、どこからともなく機内に吹き込んできた。夕立の池の面のように弾片が無数のしぶきを上げていた〉(須藤朔著『マレー沖海戦』新装版戦記文庫)

イギリス戦艦が搭載していた対空機関砲は「ポンポン砲」と呼ばれるもので、強力な40ミリ機関砲を複数本束ねて多連装機関砲としており猛烈な弾幕射撃ができた。我が航空隊は、そんな弾幕の中を突っ込んでいったのだった。戦闘に臨んだ宮内七三少佐は、魚雷発射時に攻撃機が敵艦の上空を航過してゆく生々しい戦闘の模様をこう回顧している。

〈魚雷が機体を離れた瞬間、機は浮く。その軽いショックを感ずると同時に海面スレスレに突っ込む。補助偵察員佐々木為雄一飛が、機首の七・七ミリ機銃で敵艦上を掃射しはじめたが、発射音は、二十発とはつづかなかった。目標が死角に入ったからであろう。

巨大な敵艦の横っ腹が、おおいかぶさってくるのを感じた。機銃を操作する見なれぬヘルメットの下に、緊張したイギリス兵の赤ら顔があった〉（前掲書）

低空で魚雷攻撃を行なう雷撃隊は、艦上の敵兵の顔が見えるほど接近していたのであった。しかも搭載している機銃で敵艦を銃撃するなど、まさに近接戦闘だったことがよく分かる。

当初、宮内少佐は、この海戦で搭乗員の3分の1は生還は果たせないものと考えていたようだ。そのため、2隻の戦艦を沈めたとき、機内では「バンザイ！」が連呼され、皆は手を握り合って泣いたという。

また、「レパルス」に魚雷を命中させた鹿屋空・第三中隊長・壱岐春記大尉は、そのときの様子を報道写真家・神立尚紀氏のインタヴューでこう答えている。

〈この時の雷撃高度は三十メートル。敵艦に七百メートルまで肉薄して、魚雷を投下しましした。そして『レパルス』の左舷から、機銃を撃ちまくりながらいっぱいに左旋回して退避、全速で高度をとりました。『レパルス』の甲板上で、死んでいるのかどうかわかりませんでしたが、雨衣を着た兵隊が伏せているのが見えました。そのうちに、もう一人の偵察員・前川保一飛曹が、『（魚雷が）当たりました！』と機内に響くような歓声、続いて『また当たりました！』と大声を張り上げました〉（神立尚紀著『戦士の肖像』文春ネスコ）

「レパルス」が左舷後方から沈んでいったとき、機内では、

〈その瞬間、機内はバンザイの声に包まれました。手を離してバンザイ！です。機上で、不時着用に積んであったワインをホーローのコップに注いで、乾杯をしました〉（前掲書）

「レパルス」に続いて「プリンス・オブ・ウェールズ」が午後2時50分に沈没。この瞬間の様子を鹿屋空の第2小隊長・須藤朔中尉はこう綴っている。

〈ときまさに一四五〇、飛行機と戦艦の、運命の対決に終止符が打たれた。

この瞬間を目撃した三番索敵機乗員は、呆然として、しばらくの間、だれ一人としてものを言わなかった。あまりにも深い感激のため、涙をうかべジッと仲間の蒼白な顔を見つめていたが、ふとわれにかえって「バンザイ」を三唱した〉（『マレー沖海戦』）

高速航行中の戦艦を航空機だけで撃沈するという快挙は世界戦史上初の出来事であり、それゆえに世界中を驚愕させた。とりわけ、主として海軍力をもって日本軍と対決しなければならなかったアメリカは、その3日前に自ら体験した真珠湾の〝悪夢〟が単なる偶然や奇跡

でないことを思い知らされ、あらためて日本の航空戦力に震え上がったのである。1941年当時、日本の航空戦力は世界一だったのだ。

イギリス敗北の要因のひとつには、日本の航空戦力を甘く見ていた〝戦力誤認〟もあった。〈フィリップス長官は、日本機の性能を過小評価していたようだ。戦闘機のそれはイタリア機とほぼ同じ、ドイツ機よりはるかに劣る。また雷撃機と急降下爆撃機の行動半径は、三六〇キロ程度で、水平爆撃機はより航続力があるが、これはかわせる―と判断していたのである〉（前掲書）

しかし、英東洋艦隊司令長官の淡い期待は見事にうち砕かれたのだった。

武士道と騎士道の戦い

ところで、このマレー沖海戦では、イギリスの誇る2戦艦が一挙に葬り去られたという事象だけが語り継がれており、日本軍の被害が軽微だった点が忘れられている。これだけの大戦果にもかかわらず、日本海軍航空隊の損害はわずかに3機（戦死者21名）でしかなかった。つまり、マレー沖海戦は日本海軍の〝パーフェクト・ゲーム〟だったわけである。

本海戦に参加した元山・美幌・鹿屋各航空隊の一式陸上攻撃機および96式陸上攻撃機合わせて75機が新型対空火器「ポムポム砲」の弾幕をかいくぐり、高速で回避運動中の戦艦に魚雷49発を放って20発を命中させている。その命中率は実に40・8％だった。現代のように高度な誘導武器や火器管制システムもない時代に、海面すれすれの低空で肉迫し、かくも高い命中率を記録したというのは、まさに〝神業〟であり、厳しい訓練の賜物といえよう。しかも損害はわずかに3機。一式陸攻および96式陸攻という大型機が、猛烈な弾幕を張る新型対空機関砲を見事にかわし、不死鳥のごとく飛びまわる日本軍機の姿に、英軍水兵は筆舌に尽くし難い恐怖を感じたであろう。

日英両軍が死力を尽くして戦ったマレー沖海戦。この世紀の一戦には知られざる美談があった。

日本軍の猛攻を受け、洋上の松明と化した「レパルス」に、駆逐艦「バンパイア」と「エレクトラ」が生存者救出のために急行した。米軍ならば、この駆逐艦をも攻撃対象として血祭りに上げるところだが、日本軍はそうではなかった。日本機は、救助中の2隻の英駆逐艦にこう打電した。

〝我れの任務は完了せり。救助活動を続行されたし！〟

なんと素晴らしい〝武士の情け〟であろう。そして、次なる標的となった「プリンス・オブ・ウェールズ」が炎に包まれ、駆逐艦「エクスプレス」が生存者救助のため横付けしたときも、日本機は攻撃を中止してその救助活動を助けたのだった。日本軍人が苛烈な戦場で見せた〝武士道〟であった。食うか食われるか、殺るか殺られるかの戦場にありながら、武士の情をかけた日本軍人は立派であった。むろん日本軍人のこの正々堂々たる姿勢は、さぞやイギリス海軍将兵を感動させたことだろう。

一方、イギリス軍人も騎士道を貫いた。

総員退艦の命令が出され、横付けした駆逐艦「エクスプレス」への移乗が進むなか、「プリンス・オブ・ウェールズ」の艦橋にあった英東洋艦隊司令トーマス・フリップ提督は、部下の退鑑を促す声に笑顔でこう応えた。

「ノー・サンキュー」

フィリップ提督の傍らに立つリーチ艦長も退艦の催促を断り、そして部下に言った。

「グッド・バイ。サンキュー。諸君、元気で。神の御加護を祈る！」

午後2時50分、戦艦「プリンス・オブ・ウェールズ」は、フィリップ提督とリーチ艦長とともにマレー半島クワンタン沖の波間に消えていった。

その後、1機の日本軍機が現場海域に飛来し、海上に2つの花束を投下して飛び去っていった。それは、散華した3機の陸攻乗員と、最期まで勇敢に戦ったイギリス海軍将兵と2隻の戦艦に手向けられたものだったという。実は、この機こそ「レパルス」に魚雷を命中させて葬った鹿屋空第3中隊長・壱岐春記大尉の乗機だった。大海戦から8日後の12月18日、マレー沖のアンナバス島の通信施設の爆撃のために出撃したときの出来事である。

壱岐春記氏はこう回想する。

〈途中、二隻を沈めた戦場を通るから、前川一飛曹に、基地の近くの店で花束を二つ用意させました。爆撃を終えての帰途、自分の中隊を率いて高度三百メートルで旧戦場に行くと、その日は波もおだやかで、沈んでいる艦影が黒く見えました。はじめに、『レパルス』の近くに戦死した部下、戦友の冥福を祈って花束を投下、さらに『プリンス・オブ・ウェールズ』の上に飛んで花束を落とし、イギリスの将兵の霊に対して敬礼しました〉（『戦士の肖像』）

マレー沖海戦、それは〝武士道と騎士道の戦い〟だった。この日本軍による英東洋艦隊殲滅という超特大ニュースは、瞬く間に世界中を駆け巡り、世界中が衝撃に包まれた。

その38年前には世界最強のロシア・バルチック艦隊を壊滅させ、そしてつい3日前には米太平洋艦隊を一挙に葬った新興の日本海軍が、こともあろうに今度は、これまで七つの海を制覇してきた大英帝国海軍の東洋艦隊をわずか2時間で壊滅させたのだから、それも無理からぬことだろう。

またこの大戦果は、これまで大英帝国の植民地統治に苦しんできたアジアの人々を狂喜乱舞させたことは言うまでもない。当時、第5師団の兵士としてマレー電撃作戦に参加していたASEANセンター理事の中島慎三郎氏（故人）は次のように回想している。

〈プリンス・オブ・ウェールズとレパルスという世界第一級の新鋭戦艦を轟沈し、われわれ日本人も感激しましたが、この朗報にマレイ人、タイ人、インドネシア人、インド人、そして親日中国人が飛びあがって喜ぶ姿を、われわれはあっけにとられて見ていたものです。そのとき、われわれ兵隊は『ああ良かった、いい戦争をしたんだ、生けるしるしあり』と、ほんとうにそう思いましたよ〉（『アジアに生きる大東亜戦争』展転社）

当時敵国であったイギリスの歴史学者アーノルド・J・トインビーもこう述べている。

〈英国最新最良の戦艦二隻が日本空軍（注―海軍航空隊）によって撃沈されたことは、特別にセンセーションをまき起こすでき事であった。それはまた、永続的な重要性を持つでき事であった。なぜなら一八四〇年のアヘン戦争以来、東アジアにおける英国の力は、この地域における西洋全体の支配を象徴していたからである。一九四一年、日本はすべての非西洋国民に対し、西洋は無敵ではないことを決定的に示した。この啓示がアジア人の志気に及ぼした恒久的な影響は、一九六七年のベトナムに明らかである〉（『世界から見た大東亜戦争』展転社）

マレー沖海戦――この戦いはアジア解放の曙だったのである。

壱岐春記大尉

ABDA艦隊を撃滅した「スラバヤ沖海戦」

昭和17年（1942）2月27日からおよそ2日間にわたり蘭印（現インドネシア）海域で繰り広げられた連合軍艦隊との大海戦。この海戦に勝利した日本海軍は同海域の制海権を掌握し、続くジャワ島上陸作戦を成功に導いた。

沈没寸前の英重巡「エグゼター」

世界最強性能を誇った日本海軍の93式魚雷

マレー半島およびシンガポールの攻略に成功した日本軍は、大東亜戦争のクライマックスともいうべき蘭印（オランダ領インドネシア）攻略戦に着手した。空から落下傘部隊が降下し、海から陸海軍の精鋭部隊が周辺の島々に上陸して次々と占領していった日本軍は、連合軍の中枢であったジャワ島に迫った。

こうした状況下、連合軍の「ＡＢＤＡ艦隊」（アメリカ・イギリス・オランダ・オーストラリア）が、日本軍上陸部隊を阻止せんと、洋上で決戦を挑んできたのである。

昭和17年（１９４２）２月３日、まずはジャワ島攻略戦を前に各航空基地に進出してきた我が海軍航空隊が、ジャワ東部の敵航空部隊に大打撃を与え、その翌日にはＡＢＤＡ艦隊にも打撃を与えた。

このジャワ攻略戦を前に戦われたバリクパパン沖海戦（１月24日）では、米蘭連合艦隊の攻撃を受けてボルネオ島バリクパパン上陸部隊の輸送船５隻を失ったものの、日本軍はバリクパパン攻略に成功した。

続く「バリ島沖海戦」（2月20日）は、飛行場建設のためバリ島へ上陸部隊を送り届けた第8駆逐隊（阿部俊雄大佐）の駆逐艦4隻と、蘭海軍カレル・ドールマン少将率いる軽巡洋艦3隻・駆逐艦7隻の米蘭連合艦隊との激突となった。この海戦では、我が方も駆逐艦「満潮」と「大潮」が被害を受けたが、蘭駆逐艦「ピートハイン」を撃沈し、蘭軽巡洋艦「トロンプ」を中破、米駆逐艦「スチュワート」を小破せしめ、この戦いは日本海軍に軍配が上がった。

そして迎えた2月27日、日本艦隊と連合国艦隊の一大決戦「スラバヤ沖海戦」が勃発した。

高橋伊望中将

日本軍のジャワ島上陸を阻止するため出撃したオランダ海軍カレル・ドールマン少将率いるABDA艦隊と、高橋伊望中将率いる日本海軍第3艦隊がスラバヤ沖で激突したのである。

ドールマン少将のABDA艦隊は、文字通り米・英・蘭・豪海軍艦艇15隻からなる連合艦隊で、その陣容は次の通りであった。

【オランダ】
軽巡洋艦「デ・ロイテル」「ジャワ」
駆逐艦「コルテノール」「ヴィテ・デ・ヴィット」
【アメリカ】
重巡洋艦「ヒューストン」
駆逐艦「ポープ」「ジョン・D・エドワーズ」「ポール・ジョーンズ」「ジョン・D・フォード」「アルデン」
【イギリス】
重巡洋艦「エクゼター」
駆逐艦「エンカウンター」「エレクトラ」「ジュピター」
【オーストラリア】
軽巡洋艦「パース」

この大艦隊に対する日本艦隊は、第3艦隊司令長官・高橋伊望(いぼう)中将率いる25隻だった。

【第5戦隊】(高木武雄少将)
重巡洋艦「那智」「羽黒」
第7駆逐隊・駆逐艦「潮」「漣」

■「スラバヤ沖海戦」概要図

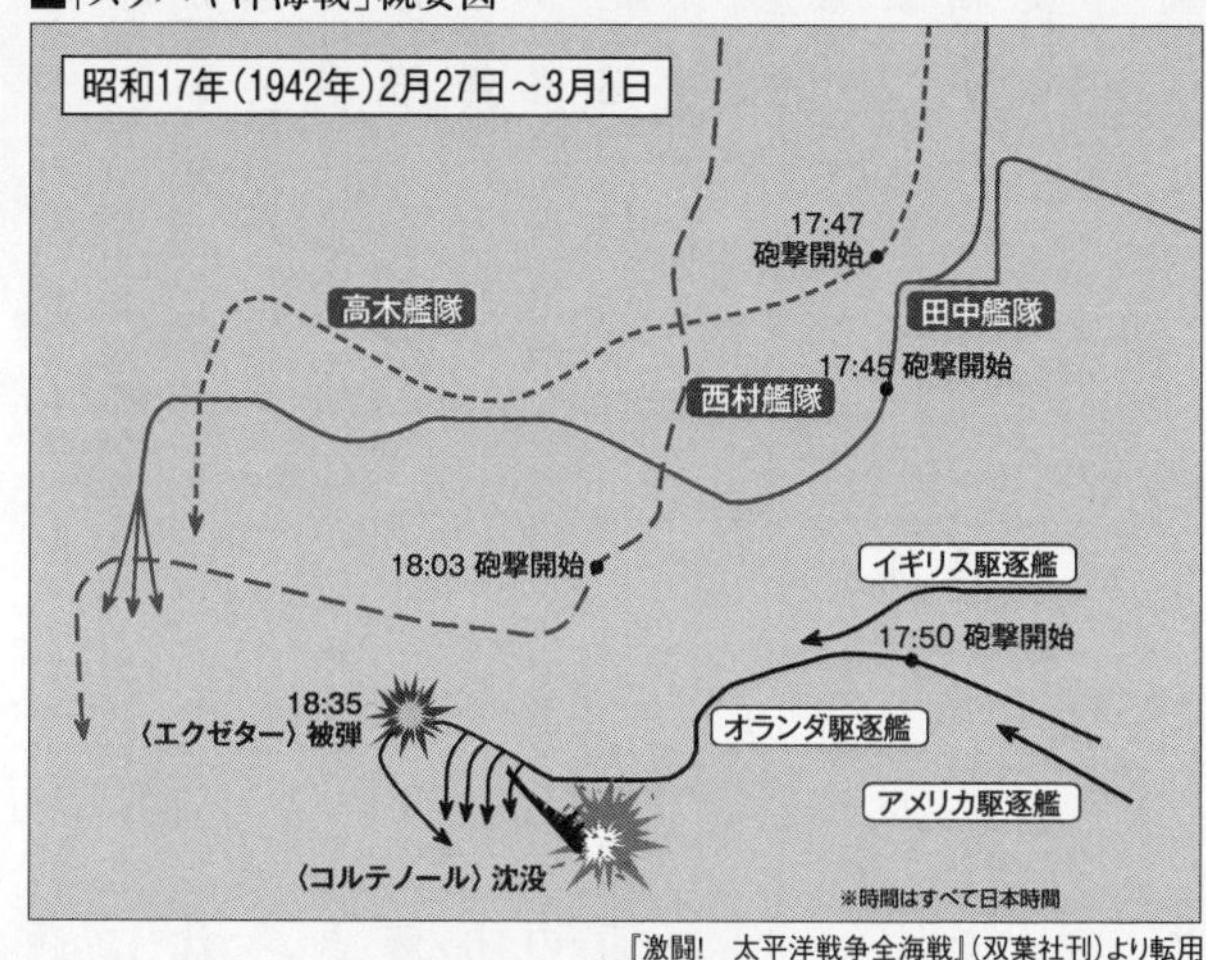

『激闘!　太平洋戦争全海戦』(双葉社刊)より転用

第24駆逐隊・駆逐艦「山風」「江風」

【第4水雷戦隊】(西村祥治少将)

軽巡洋艦「那珂」

第2駆逐隊・駆逐艦「村雨」「五月雨」「春雨」「夕立」

第9駆逐隊・駆逐艦「朝雲」「峯雲」

【第2水雷戦隊】(田中頼三少将)

軽巡洋艦「神通」

第16駆逐隊・駆逐艦「雪風」「時津風」「初風」「天津風」

【蘭印部隊】(高橋伊望中将)

第16戦隊　重巡洋艦「足柄」「妙高」

第6駆逐隊・駆逐艦「雷」「電」「曙」

【第4航空戦隊】(角田覚治少将)

空母「龍驤」　駆逐艦「汐風」

海戦の緒戦では、双方が遠距離から撃

ち合ったため、砲弾も魚雷も届かず時間だけが過ぎていった。そうした中、18時35分に日本艦隊の放った20チセン砲弾が英重巡「エクゼター」に命中、速力を低下させた。続いて93式魚雷が蘭駆逐艦「コルテノール」に命中して同艦は沈没した。これを機に日本艦隊は突撃を敢行し、英駆逐艦「エレクトラ」も撃沈している。

日本側は駆逐艦「朝雲」が命中弾を浴びて大きな被害が出たが、第9駆逐隊の猛烈な突撃は特筆されるものがある。第9駆逐隊司令の佐藤康夫大佐は、降りそそぐ敵弾をものともせず敵艦隊に肉迫して凄まじい砲撃戦を行っており、英駆逐艦「エレクトラ」の撃沈はこの第9駆逐隊の勇猛果敢な突撃の戦果であった。この様子を、水上偵察機で上空から観測していた重巡「羽黒」の飛行長・宇都宮道生大尉は証言している。

〈二時間にもおよぶ砲戦に、いっこうに命中弾がない。

ただ一発、敵二番艦に黒煙があがり、急に速度がおちた。これは英艦エクゼターへの貴重な命中弾で、このため敵の陣形は大きくくずれた。記録によると、ほぼ同時刻、味方魚雷によって駆逐艦コルテノールが沈没したとなっているが、これには気づかなかった。味方水雷戦隊が一時、敵方に向かって突撃の態勢に入ったが、ずいぶん遠い距離から魚雷を発射して反転した。（中略）

このとき、水雷戦隊のなかから二隻の駆逐艦（朝雲、峯雲）と、これまた勇敢に迎えうつ敵駆逐艦とのあいだに、舷々相摩す戦闘がはじまった。

機上から声援するが、直接支援することもできない。そのうち、味方の一艦（朝雲）は艦尾に被弾して、停止した。僚艦はこの四囲をまわって奮戦する。敵方も相当な損害を受けているようだ（駆逐艦一隻沈没）〉（『丸別冊　戦勝の日々』潮書房）

日没を迎え夜戦に突入する。闇夜をつんざく砲雷撃の炸裂音と飛び交う閃光の中を日本艦隊は勇猛果敢に突っ込んでいった。敵艦隊は照明弾を打ち上げ、日本艦隊を闇夜に浮かび上がらせて主砲を撃ち込んでくる。日本艦隊も主砲で応戦する。だが、日本の巡洋艦には敵艦が装備していない魚雷発射管があった。日本艦隊は、魚雷発射管を敵艦の方角へ向けて次々と世界最強の93式魚雷を発射した。

日本海軍の93式魚雷は、「酸素魚雷」と呼ばれる世界一の性能を誇る長射程魚雷で、米英海軍魚雷の5～10キロをはるかに上回る20～40キロという長大な射程を誇り、遠距離からの攻撃が可能であった。

第5戦隊の重巡「那智」「羽黒」が放った魚雷が、蘭軽巡洋艦「デ・ロイテル」と「ジャワ」に見事に命中し、両艦は相次いで沈没した。このとき旗艦「デ・ロイテル」に乗っていたＡＢＤＡ艦隊司令官ドールマン少将も戦死した。

重巡「那智」の高角砲分隊長・田中常治少佐はこのときの様子を振り返る。

〈「よしッ、発射はじめ」

命令一下、魚雷は舷側を離れて水中に踊り込んだ。那智八本、羽黒四本。時に零時五十三分。

敵はまだわが魚雷発射に気づかず、四隻がきれいに目刺のように並んで、おあつらえ向きの発射目標を示しながら、直進している。こちらは、敵を真っすぐに走らせて、まんまと魚雷を命中させるために、気の抜けた主砲砲戦の相手をしている。

魚雷の到達はまだか、まだか。一分、二分、三分……なんと待ち遠しいことよ。やがて到達予定時刻になった。午前一時六分。ピカリ。敵方に命中したらしい閃光がひらめいた。つづいてボーッと真っ赤な火炎が天に沖して、敵の一番艦は大爆発を起こした。

「ウァーッ、ヤッタゾッ」

思わず上がる歓声、望遠鏡に映った敵の旗艦デ・ロイテルは、巨体を棒立ちにして海中に没した。

「一番艦轟沈」

臍の緒切ってはじめて見る壮絶な光景に、乗員一同思わず唾をのみ、手に汗を握った。ついでまたピカリ、敵の四番艦に命中の閃光がひらめいた。時に一時十分。

間もなく、猛烈な火炎がドッとあがって、これまた海中にその巨体を没した。

「四番艦轟沈」

引き続く天下の奇観に、乗員一同、手の舞い足の踏むところを知らず、ただ茫然としてこれに見とれていた。沈没した敵艦の重油は海面に漂い、それに火がついて、えんえんたる火

炎は海面を明々と照らしている〉（『丸エキストラ　戦史と旅④』潮書房）

1番艦「デ・ロイテル」、4番艦「ジャワ」は轟沈だった。

実は昼間の戦闘で魚雷攻撃を行ったとき、重巡「那智」の魚雷が人為的なミスから発射できないというアクシデントがあった。だが逆にそのお陰で、結果的に温存された8発の魚雷をこの夜戦で敵艦に発射することができたのだった。我が日本艦隊は、暗闇に照らし出された敵艦を次々と葬っていったのである。

この戦いで日本艦隊は、蘭軽巡洋艦「デ・ロイテル」「ジャワ」に続いて、蘭駆逐艦「コルテノール」、英駆逐艦「エレクトラ」の4隻を撃沈し、イギリス駆逐艦「ジュピター」がオランダ軍の機雷に触雷して沈没した。一方、日本艦隊の損害は、駆逐艦「朝雲」が中破したにとどまり、この大海戦は日本海軍の圧勝だった。

ここに上陸を待つ陸軍部隊の目撃談がある。

海戦時、輸送船上にあった戦車第4連隊第3中隊第1小隊長・岩田義泰中尉（当時＝終戦時は少佐）は、私のインタヴューにこう応えてくれた。

「ジャワに近づいたところスラバヤ沖海戦が始まったんです。我々は味方海軍艦艇に導かれて湾で待機することになりました。あれは夜間でしたが、世を徹して双方が撃ちあう轟音が遠くに聞こえてきました。『グゥワーン、グゥワーン』『ヒューン、バーン』……といった具合でした。その間、我々は甲板をあっちに行ったりこっちにいたりしてましたよ。甲板上の我々は、どうすることもできなかったんですよ」

その翌日の3月1日、ジャワ島攻略部隊の陸軍第16軍の将兵を乗せた56隻もの大輸送船団を護衛していた原顕三郎少将率いる軽巡洋艦「名取」以下、駆逐艦12隻からなる第3護衛隊と、オーストラリア軽巡洋艦「パース」、アメリカ重巡洋艦「ヒューストン」、オランダ駆逐艦「エヴェルトセン」からなるABDA艦隊が激突し、これに第7戦隊の重巡洋艦「三隈」「最上」および駆逐艦「敷波」が加わって激しい海上戦闘が繰り広げられた。世に言う「バタビア沖海戦」である。

ジャワ島を目指す日本軍輸送船団を発見したABDA艦隊が砲撃を開始し戦端が開かれた同海戦の結果、日本艦隊は、「パース」と「ヒューストン」を撃沈し、「エヴェルトセン」も沈没した。さらにこの日の昼間、日本艦隊は、イギリス重巡洋艦「エクゼター」、イギリス駆逐艦「エンカウンター」、アメリカ駆逐艦「ポープ」を撃沈し、日本海軍はこの海域の制海権を握ったのである。

前出の「羽黒」飛行長・宇都宮大尉はこの海戦も偵察機上から観測していた。

〈この戦闘でとくに記憶に残るのは、満身創痍のエクゼターが、最後まで射撃を止めなかったことである。そしてエクゼターが最後に停止すると、一隻の駆逐艦（英エンカウンター）はこれを守るようにその前面に立ちはだかって、応戦をつづけたことであった〉（『丸別冊戦勝の日々』）

海で漂流する敵兵422名を救出した日本海軍

この一連の海戦では世界戦史に輝く美談が生まれている。

元海上自衛官でジャーナリストの恵隆之介氏は、その著書『海の武士道』（産経新聞出版）で、駆逐艦「電（いなづま）」および「雷（いかずち）」が、日本艦隊によって撃沈されて海に漂流するイギリス重巡洋艦「エクゼター」および駆逐艦「エンカウンター」の敵兵を次々と救助した美談を紹介している。

「エクゼター」の乗員376名を救助した「電」の元乗員・岡田正明氏はこう証言している。

〈本艦による魚雷発射は一条、二条、白い航跡を残して一直線に進む。もの凄い水柱があがった。見事命中、重巡「エクゼター」は右舷に傾きはじめた。一秒、二秒、刻一刻と傾いていく。『沈みゆく敵艦に敬礼』、館内放送によって甲板上にいた私達は、一斉に挙手の敬礼をした。

忘れられない一瞬だった。友軍機が二機、三機、沈みゆく敵艦の上空を低空で飛んでいた。そして、間もなく「エクゼター」は船尾から南海にその姿を没した。（間もなく）『海上ニ浮遊スル敵兵ヲ救助セヨ』の命を受けた〉（『海の武士道』）

また驚いたことに、「電」に救助された「エクゼター」乗員はこんな証言をしていたのだった。

〈「エクゼター」では、士官が兵に対し『万一の時は、日本艦の近くに泳いでいけ、必ず救助してくれる』といつも話していた〉（前掲書）

日本海軍の捕虜の扱いの良さはイギリス海軍内で知れ渡っており、自艦沈没時のいわゆる〝対処マニュアル〟となっていたのである。これは、別項で紹介した開戦劈頭昭和16年（1941）12月10日のマレー沖海戦における日本海軍機の高貴な行動も影響していたのだろう。

イギリス重巡洋艦「エクゼター」が沈没し、乗組員の救助が行われている海域に急行した我が駆逐艦「雷」も、工藤俊作艦長指揮の下に献身的な敵兵救助活動を行った。

〈「雷」乗員の胸を打ったのは、浮遊木材にしがみついていた重傷者が、最後の力を振り絞って、「雷」舷側に泳ぎ着く光景であった。彼らはロープを握る力もないため、取りあえず乗員が支える竿竿を垂直に降ろし、これに抱き着かせて、「雷」乗員が内火艇で救助しようとした。ところが、その殆んどは竹竿に触れるや、安堵したのか次々と力尽き、水面下に静かに沈んで行くのだ。

日頃、艦内のいじめ役とされた強者たちも涙声になり、声をからして、「頑張れ！」「頑張れ！」と甲板上から連呼するようになる。この光景を見かねて、2番砲塔の斉藤光1等水兵（秋田県出身）が、独断で海中に飛び込み、立ち泳ぎをしながら、重傷英兵の体や腕にロープを巻き始めた。

先任下士官が、「こら、命令違反だぞ！　誰が飛び込めと言った」と、怒号を発したが、これに2人が続いて、また飛び込む。

一方、ラッタル中途で力尽きる英海軍将兵もいた。当然あとがつかえた。放置すると後続者の体力がやがて尽きる。そこで中野2等兵曹がかけつけ、ラッタル中途の重傷者を抱きかかえて昇った。呆気にとられていた日本海軍水兵は、この中野兵曹の指示に従った。

艦橋からこの情景を見ていた工藤は決断した。

「先任将校！　重傷者は内火艇で艦尾左舷に誘導して、デリック（弾薬移送用）を使って網で後甲板に吊り上げろ！」

もう、ここまでくれば敵も味方もない。まして海軍軍人というのは、日頃、敵と戦う以前に狭い艦内で、昼夜大自然と戦っている。この思いから、国籍を超えた独特の同胞意識が芽生えるのだ〉（前掲書）

この献身的な救助活動は友軍兵士に対してではなく、つい先ほどまで銃火を交えていた敵兵に対して行われたのだ。このような戦闘中の敵兵救助を命懸けでやるのは、世界の軍隊の中でも日本軍だけだろう。これがアメリカ海軍ならば、日本の軍艦や輸送船が沈没した後も、海上に浮遊する無力の日本軍兵士に容赦なく銃砲弾を浴びせて皆殺しにする。

では救助された側の英軍兵士は、この日本海軍による救助活動をどのように見ていたのだろうか。

英駆逐艦「エンカウンター」の乗員で、工藤艦長の「雷」に救助されたサムエル・フォール卿はこう回想している。

〈駆逐艦の甲板上では大騒ぎが起こっていました。水兵達は舷側から縄梯子を次々と降ろし、微笑を浮かべ、白い防暑服とカーキ色の服を着けた小柄な褐色に日焼けした乗組員が我々を温かく見つめてくれていたのです。我々は艦に近づき、縄梯子を伝ってどうにか甲板に上がることができました。我々は油や汚物にまみれていましたが、水兵達は我々を取り囲み、嫌悪せず、元気づけるように物珍しげに見守っていました。

それから木綿のウエス（ボロ布）と、アルコールをもって来て我々の体についた油を拭き取ってくれました。しっかりと、しかも優しく、それは全く思いもよらなかったことだったのです。

友情あふれる歓迎でした。私は緑色のシャツ、カーキ色の半ズボンと、運動靴を支給されました。これが終わって甲板中央の広い処に案内され、丁重に籐椅子に導かれ熱いミルク、ビール、ビスケットの接待を受けました。私は、まさに「奇跡」が起こったと思い、これは夢ではないかと、自分の手をつねったのです〉（前掲書）

フォール卿のいう「水兵達」とは、大日本帝国海軍の若き水兵のことである。その後も駆逐艦「雷」は生存者救助のために周辺海域の捜索を続け、実にその日だけで422人の敵国たる英海軍軍人を救助したのである。日本海軍が見せた武士道精神に基づく敵兵救助は、駆逐艦「雷」「電」だけではなかった。実は、このとき重巡「羽黒」も同様に敵兵を救助していたのである。かつての「羽黒」の主計長である大野健雄氏の著書『なぜ天皇を尊敬するか—その哲学と憲法』には次のように記されている。

〈「溺者あり、救助乞う」一番艦からの信号である。水兵でも落ちたのかと、内心思っていると、救助に向かったボートから「敵兵は如何にすべきや」「全員救助すべし」という訳で、我が艦もやがて裸の白人兵二十名程収容することとなった。見ると大きな奴が鼻から重油を垂れながら、へたへたと上甲板に坐って元気がない。士官が多かった。オランダ人が多いが、英国人の中尉もいた。

さてどう待遇するか。国際公法に則り、遺憾なきを期することとなった。すなわち士官には当方の士官の、下士官には下士官の、兵には兵の待遇を与えることである。さて士官連中を何処に入れるか。まさか士官室に入れるわけにもいかない。幸い羽黒には司令部が乗っていないので参謀予備室が空いている。「参謀予備室のシーツを取り替えよ」。全部洗濯したての真白なシーツに取替えられた。軍医にみせたり、体を洗い、折目ついた防暑服を支給した。食事の原則として士官と同じである。尤も日本食の時は困るだろうと、スープから始まるきちんとした洋食を支給した。連中はすぐに元気を回復した。（中略）

連中も非常によい所があった。礼に対して礼を以て応えた。軍艦旗の揚げ降ろしには、こちらは何も云わないのに全員起立して敬礼した〉

このように蘭印ジャワ島沖の海戦は、海軍とシーマンシップを英国海軍から学んだ日本海軍が、その師であった英国海軍を越えた戦いであった。フォール卿は、惠隆之介氏にこう語ったという。

「日本の武士道とは、勝者は奢ることなく敗者を労り、その健闘を称えることだと思います」

これが日本海軍の強さの秘訣だったのだ。

蘭軍を9日間で制圧した「ジャワ島攻略戦」

オランダは17世紀以降、約350年の長きにわたり蘭印（現在のインドネシア）を植民地支配してきた。同地の石油資源を確保することが死活問題であった日本軍は、昭和16年（1941）1月11日にボルネオ島、スラウェシ島に上陸したのを皮切りに快進撃を続け、蘭印の中枢であるジャワ島攻略に乗り出した。

ジャワ島西部に上陸を果たした日本軍

第16軍を率いた今村均中将

オランダ軍を悩ませた〝錯覚〟

日本艦隊がスラバヤ沖海戦で蘭印方面にあったABDA（アメリカ・イギリス・オランダ・オーストラリア）連合艦隊を壊滅させたことを受け、今村均中将率いる陸軍の第16軍はオランダ領インドネシアの本丸ジャワ島に上陸を開始した。

ところが、実は3月1日の海戦で日本艦隊の放った魚雷が、あろうことかこの上陸部隊を乗せた味方の輸送船団に命中して輸送船1隻と掃海艇1隻が沈没。今村中将が乗っていた輸送船も損害を受けたため、なんと今村中将は海に飛び込んで、救命胴衣を着けておよそ3時間も漂流しながらジャワ島西部のバンタム湾に上陸するという事件も起こっていたのだ。

〝同士討ち〟というハプニングに遭いながらジャワ島に上陸を果たした日本軍攻略部隊は総勢約5万5千人。この日本軍を迎え撃つオランダ軍は6万5千人を擁し、加えてアメリカ・イギリス・オーストラリア軍1万6千人の総勢8万1千人であった。だがその内訳は、オランダ軍が4個歩兵連隊約2万5千人で他は植民地の現地兵であり、米英豪軍の主力は、アーサー・ブラックバーン准将率いる歩兵2個大隊を基幹とするオーストラリア軍部隊〝ブラック・フォース〟だった。

日本の第16軍隷下の丸山政男中将率いる第2師団は、ジャワ島西部のバンタム湾、カポ岬およびメラクに上陸し、ただちに進撃を開始して5日後の3月5日にはバタビア（現ジャカルタ）を占領した。

また、ジャワ島東部のクラガンには、土橋勇逸（ゆういつ）中将率いる第48師団および歩兵第146連隊主力の坂口支隊（坂口静夫少将）が上陸、3月8日にジャワ島東部の要衝スラバヤを占領した。同時に坂口支隊は、400キロの長距離をトラックで機動して蘭印軍陣地を次々と撃破してゆき、3月8日にはチラチャップを占領した。

また、第38師団の歩兵第230連隊第1、第2大隊基幹の東海林支隊（東海林俊成大佐）は、ジャワ島中西部のエレタンに上陸した3月1日のうちに要衝カリジャチ飛行場を奪取し、その後も敵の防御網を次々と突破して3月7日にはバンドン要塞を陥落させている。この要衝バンドンの攻略が、結果的にオランダ軍の全面降伏に繋がったのである。

前述したジャワ島中部のエレタンに上陸した約6000名の東海林支隊は、若松満則少佐率いる第1挺身隊と、江頭多少佐率いる第2挺身隊とに分かれて進撃した。第1挺身隊の目標は、島中央部に位置するオランダ軍のカリジャチ飛行場であり、いち早く敵航空基地を制圧して友軍航空部隊が利用できるようにすることであった。そのため第1挺進隊はエレタン上陸後速やかにカリジャチ飛行場に進撃し、ここを守るオランダ軍と戦闘を繰り広げ、その日のうちに同飛行場を占領したのである。まさに電撃戦だった。この時の様子を、第1挺身隊第7中隊の山野六郎氏および上杉忠蔵氏から聞いた話をまとめた第2挺身隊の原久吉軍曹は次のように記している。

〈先遣中隊は、敗走する敵戦車に追随して、早くも十一時すぎには飛行場入口に殺到した。第二小隊が第一線、ついで一、三小隊がこれにつづき、飛行場周辺の樹林に散開、攻撃準備に入った。カリジャチ飛行場は、熱帯樹林が生い茂った密林の中にひろがっていた。

攻撃中隊は、その樹林のなかに広く散らばり、応急の壕を掘りあげ、攻撃の火ぶたを切った。椰子林をとおして兵舎や格納庫が見え、滑走路が芝生のなかに白く浮き上がって見えた。

敵兵は、この建物前の土嚢陣地に拠っており、射弾の雨を降りそそぎ、彼我の銃声は樹林をふるわせた。敵戦闘機が低空から掃射をくり返してくるが、椰子の樹が防弾の役目を果たしてくれた。敵の空陸からの攻撃がはげしくなり、死傷者が出はじめていた。

大沢隊長は、ここで一大決心をした。すなわち、背後に潜入し、後ろからの奇襲、攪乱戦法である。決死の一分隊（二小隊一分隊）が選ばれ、ひそかに兵舎裏に迂回すべく、樹林をぬって行動を開始した。そのとき、飛行場には弾薬や燃料を使い果たした敵機が三、四機、補給のために着陸してきた。そこで、これを着陸させては面倒とばかり、一小隊が猛射し軽、重機関銃もこれに加わった。結局、一機を舞い上がらせたが、他の敵機を破壊炎上させた。

■「蘭印作戦」全体図

参考／『戦史叢書』

敵の背後にまわった決死の分隊は、敵に気づかれぬまま兵舎裏に潜入した。そして、日本軍の攻撃に気もそぞろの警戒兵を刺殺し、さらに防戦に大わらわの敵陣を瞬時に混乱におとしいれてしまった。

「突撃！」

この機を逃がしては、と大沢大隊長の軍刀がひらめいた。中隊長は、喚声をあげて敵陣に殺到した。このころ、ようやく追及してきた挺身隊主力がこれに加わり、攻撃に拍車をかけた。この剣先をつらねた突撃は、敵のドギモを抜いた。しかも、背後には日本軍が回っていると思いこんでいる敵兵の動揺は、津波のように敵陣を覆い、支離滅裂となり、算を乱して敗走した。

時に三月一日午後一時三十分、日章旗が敵兵舎にひるがえった〉（原久吉「東海林

支隊ジャワ奇襲攻略記」―『丸別冊 太平洋戦争証言シリーズ⑧ 戦勝の日々』潮書房）

その2日後の3月3日、オランダ軍は日本軍に占領された飛行場を奪還すべく、態勢を立て直して若松挺身隊に挑んできた。

だが、若松挺身隊はこれを見事に撃退した。敵の反撃を撃退した若松支隊は、これに留まらずその勢いに乗じてオランダ軍の本拠地であったバンドン要塞に攻め込んだ。このことによってオランダ軍に致命的な〝錯覚〟が生じたのである。そしてこの錯覚が、オランダ軍を降伏させる契機となったのだ。ではその〝錯覚〟とは何か。

実は、若松少佐率いる700人ばかりの第1挺身隊が、あまりにも早くバンドン要塞に攻め入ってきたため、当時3万5千人もいた蘭印軍は、この若松挺身隊の背後には日本軍の大部隊が控えているに違いないと勝手に思い込んでしまったのである。700人がその50倍もの敵を屈服させたのだ。日本軍があまりにも強かったため、連合軍は次々と〝錯覚〟に陥ったのである。スバンでの戦闘では、こんな滑稽なエピソードがあった。

〈この戦闘で奮戦した第四中隊の早川正平軍曹は、

「敵の戦車が十メートルぐらいまで接近している前に、ちょうど洗濯してあった衣類が紐でつるしてあり、彼らはそれを見てあわてて引き返してしまった。きっと対戦車爆弾と思って引き返していったのであろう。洗濯物敵戦車を撃退す、というところだな」

と笑いながら話してくれた〉（前掲書）

6両の戦車を〝大部隊〟に見せかける

3月8日、日本軍によって占領されたカリジャチ飛行場内で、第16軍司令官・今村均中将と蘭印軍総司令官ハイン・テル・ポールテン中将との会見が行われ、今村中将の全面降伏の勧告に対して当初バンドンのみの降伏を主張したテン・ポールテン中将もついに蘭印軍の全面降伏を受け入れた。ここに350年にも及ぶオランダのインドネシア支配が終焉し、その圧政に苦しんできたインドネシア人は日本軍の勝利に狂喜乱舞した。

かつてこの蘭印の戦いで、ジャワ島東部の要衝スラバヤ攻略戦に参加した第48師団隷下の戦車第4連隊第3中隊第1小隊長・岩田義泰中尉（終戦時は少佐）は、私のインタヴューにこう応えてくれた。スラバヤ沖海戦が日本軍の勝利のうちに終わり、ジャワ島クラガンに上陸し、部隊の先陣をきって威力偵察を行う尖兵部隊だった岩田中尉の戦車部隊は、ただちに戦車6両を率いてスラバヤを目指した。日本軍の先頭に立って敵中突破を続ける岩田小隊長は、敵大部隊との交戦による死も覚悟して突進を続けた。岩田氏は言う。

「蘭印軍の兵器はアメリカ製で、将校はオランダ兵。下士官はハーフで、兵隊は現地のインドネシア人が多かったんです。ところが地元の兵隊が、嫌々戦っていたのはみえみえでした。我々ととことん戦わないんですよ。それに地元の人々は我々を大歓迎してくれました。それには、こんな理由もあったんです。〝インドネシアが困ったときには、北の優秀な民族が応援に駆けつけてくれて治めてくれる〟といったような伝説が残っていたんです」

やはり、かつてマレー電撃戦を助け、蘭印攻略戦の口火を切ったセレベス島メナドおよびスマトラ島パレンバンへの空挺作戦時にも日本軍将兵を助けた『ジョヨボヨの予言』が、ジャワ島に上陸した日本軍地上部隊にも味方したのである。岩田戦車小隊は、地元民に大歓迎されてスラバヤに到着した。ところがウオノコロモ川の手前で部隊は進撃中止を余儀なくされたのだった。

「我々はやっと川の手前までやってきましたが、700メートル向こうは敵ばかりでした。そこでスラバヤに突入する準備をしようとしていたところ、司令部から、3月9日を期して総攻撃をやるから貴隊は前進を停止せよという命令がきたのです。3月6日のことでした。それから今度は『戻ってこい』という命令がきたのです。最初は軍司令官からお褒めの言葉を頂いていたのに、こんどは、『行くな』というわけですからね。戦後、連隊長は、我々にどんな命令を出したらよいのか困ったということを言っておられました」(岩田氏)

そんな状況下、岩田中尉はある奇策を思いついた。それは、わずか6両の戦車小隊を〝大部隊〟に見せかける欺瞞戦術だった。

「戦後聞いた話ですが、オランダ軍は、『こんなに早く日本軍がスラバヤに来るはずがないのに、川の向こう側に日本軍の大戦車部隊がやって来た。この調子だともうもたない』と大混乱していたというんです。実はこれ、私が、楠木正成の〝千早城の戦法〟から思いついた戦術だったんですよ。わずか数量の戦車を大部隊に見せるために、夜になって暗くなったら戦車をあちこちに移動させて、そこここでエンジンを全開させ、そこで主砲を撃ったり、わざとドラム缶を機関銃で撃ったりして、とにかく音を立てて〝大部隊〟に見せかけたわけです。この作戦は大成功でした。

スラバヤを陥落させた後は、掃討作戦となったのですが、最初敵は軽く抵抗しますが、すぐに手をあげてきました。そして、次々と占領してゆく町々で地元民から大歓迎を受けたんです」

オランダ軍は、見事に岩田中尉の欺瞞作戦にひっかかったのである。

そして迎えた3月7日、オランダ軍東部兵団司令官イルヘン少将が降服し、ジャワ島東部の要衝スラバヤは日本軍の手に陥ちることとなった。

インドネシアのアラムシャ元第3副首相はこう述べている。

〈我々インドネシア人はオランダの鉄鎖を断ち切って独立すべく、三百五十年間に亘り、幾度か屍山血河の闘争を試みたが、オランダの狡智なスパイ網と、強靭な武力と、過酷な法律によって、圧倒され壊滅されてしまった。それを日本軍が到来するや、たちまちにしてオランダの鉄鎖を断ち切ってくれた。インドネシア人が歓喜雀躍し、感謝感激したのは当然である。〉（ASEANセンター編『アジアに生きる大東亜戦争』展転社）

このように、ジャワ島に上陸した日本軍各部隊は次々と敵部隊を撃破して要衝を占領し、上陸からわずか9日目の3月8日、オランダ軍をはじめ連合軍はあっさり降伏した。ここに、350年もの長きにわたるオランダによるインドネシアの植民地支配は終焉したのである——。

日本軍の急降下爆撃が炸裂した「セイロン沖海戦」

日本軍は開戦直後のマレー沖海戦でイギリス東洋艦隊を撃滅したが、東洋艦隊は次第に態勢を立て直しつつあった。そこで、再度、大規模な攻撃が実施され、日本軍はお家芸の空母機動部隊による攻撃で英空母を撃沈してみせた。

被弾炎上する英空母「ハーミス」

第1航空艦隊を率いた南雲忠一中将

マレー沖海戦に続き惨敗した英海軍

開戦を告げる昭和16年（1941）12月8日の真珠湾攻撃でハワイのアメリカ太平洋艦隊に未曾有の大損害を与え、その3日後のマレー沖海戦でイギリス東洋艦隊の主力を葬り、さらにその2カ月半後には蘭印方面でABDA艦隊（米・英・蘭・豪）を撃滅した日本海軍は、もはや向かうところ敵なしであった。その無敵の連合艦隊が次に狙った獲物は、態勢を立て直してインド洋に浮かぶセイロン島（現スリランカ）に拠点を移したイギリス東洋艦隊であった。

その陣容は、真珠湾攻撃時の南雲忠一中将率いる第1航空艦隊と南遣艦隊（小沢治三郎中将）の空母機動部隊であった。

【日本艦隊（司令長官　南雲忠一中将）】

空母「赤城」「蒼龍」「飛龍」「翔鶴」「瑞鶴」「龍驤」（※空母「加賀」は修理のため不参加）

戦艦「金剛」「榛名」「比叡」「霧島」

■「セイロン沖海戦」概要図

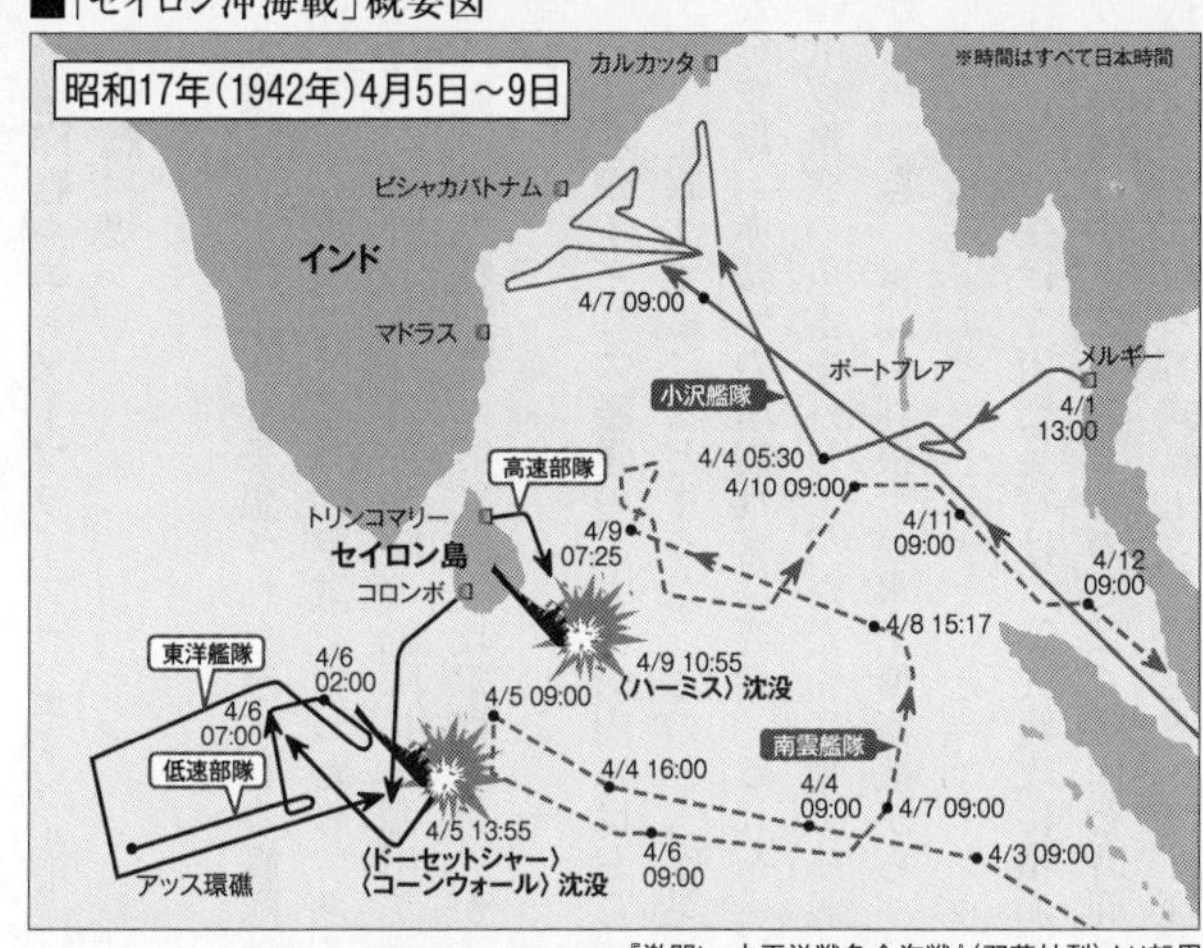

『激闘！　太平洋戦争全海戦』（双葉社刊）より転用

重巡洋艦「利根」「筑摩」「鳥海」「熊野」「三隈」「最上」
軽巡洋艦「阿武隈」「由良」「川内」
駆逐艦19隻

対するジェームズ・サマヴィル中将率いるイギリス東洋艦隊の陣容は以下の通りだった。

【イギリス東洋艦隊（司令官　ジェームズ・サマヴィル中将）】
空母「インドミタブル」「フォーミタブル」「ハーミス」
戦艦「ウォースパイト」「レゾリューション」「ラミリーズ」「ロイヤル・サブリン」「リベンジ」
重巡洋艦「コーンウォール」「ドーセットシャー」

軽巡洋艦「エンタープライズ」「エメラルド」「ダナエ」「ドラゴン」
駆逐艦14隻

大艦隊同士の激突も予想されたが、日本艦隊は先の真珠湾攻撃と同じように、空母艦載機による航空攻撃で敵艦隊の撃滅を狙ったのである。まずは昭和17年（1942）4月5日、空母「赤城」の真珠湾攻撃時の総隊長・淵田美津雄中佐率いる攻撃隊126機（零戦36機、99式艦上爆撃機38機、97式艦上攻撃機52機）がイギリス海軍の拠点セイロン島のコロンボを空襲した。

ところがイギリス艦隊の主力は湾内にはおらず、駆逐艦「テネドス」と仮装巡洋艦「ヘクター」を撃沈するにとどまった。このとき戦果不十分とみた淵田中佐は、第2次攻撃隊の必要を空母「赤城」の南雲長官に要請。これを受けて各空母では、敵艦攻撃準備中だった97式艦上攻撃機の魚雷を外して、ただちに地上施設攻撃のための爆装に転換を開始した。ところがこのとき、重巡「利根」の水上偵察機から、敵艦発見の情報が飛び込んできたのである。英重巡洋艦「ドーセットシャー」と「コーンウォール」だった。

その報を受けた南雲長官は、97式艦攻に積んだ爆弾を再び魚雷に転換させたのである。この再転換はすぐにできるものではなく手間と時間のかかる作業だった。そこで、魚雷への再転換作業で手間取る97式艦上攻撃機を置いて、江草隆繁少佐率いる99式艦上爆撃機隊が先行して次々と発艦していった。江草少佐は、かの真珠湾攻撃第2次攻撃隊（嶋崎重和少佐）の急降下爆撃隊を率いて戦った歴戦の勇士であった。

15時54分、江草少佐の艦上爆撃隊は英重巡洋艦「ドーセットシャー」と「コーンウォール」を発見。続いて16時29分、「突撃せよ、爆撃方向50度、風向230度　風速6メートル」を発信し、各機は上空から猛禽類の如く襲いかかった。

命中、命中、命中、また命中！　急降下爆撃隊の250キロ爆弾は、まるで磁石で誘導されているかのように次々と敵艦に命中していった。それはまさに〝神業〟だった。この戦闘に参加した空母「飛龍」の艦上爆撃隊の搭乗員・板津辰雄2等兵曹は、そのときの様子をこう記している。

〈突撃下令で、飛龍隊の十八機は、小林大尉機を先頭に単縦陣をつくりながら、敵艦の逃げる鼻先を押さえ込むように大きく左旋回しながら爆撃進路に入った。このとき、敵もようやくわれわれに気づいたらしく、白い航跡が長く伸びだした。速力を上げたのだ。約二十六ノット。死にもの狂いの全速だ。

小林大尉機が一番艦にねらいを定めて急降下に入った。敵艦から、パッ、パッと高角砲が撃ち上げてきた。しかし、たちまち初弾命中、火柱が上がった。三本ならんだ煙突の真後ろだ。二弾目もほぼ同じ。対空砲火は数分で沈黙して、あとはつぎつぎと二百五十キロ爆弾が吸い込まれるように直撃していった。

速力が急に衰えると、しばらくジグザグ航行していたが、やがて左回りに小さく円を描きだし、左に横倒しになって艦首から沈んで行った。初弾命中からわずか十三分だった。二番艦も横倒しになり、艦尾から没しようとしていた。爆撃開始から二隻を撃沈するまで二十分間。われながら完璧な攻撃だった〉（『丸別冊　太平洋戦争証言シリーズ⑧　戦勝の日々』潮書房）

我が艦爆隊は、驚くべき精度の高い急降下爆撃によって、排水量約1万トン、全長約190メートルもの「ドーセットシャー」と「コーンウォール」をわずか20分で撃沈したのである。ちなみに、重巡「ドーセットシャー」は、魚雷攻撃によってドイツの戦艦「ビスマルク」にとどめを刺した武勲艦であった。ゆえに英軍の衝撃も大きかった。

英海軍はこのセイロン沖海戦のわずか4カ月前に、マレー沖でイギリス東洋艦隊の主力であった戦艦「プリンス・オブ・ウェールズ」と「レパルス」を日本海軍航空部隊によって沈められている。このショックから立ち直っていない状況下の惨劇に、イギリス海軍の受けた敗北感と日本軍に対する怖れは言い知れぬものがあった。事実、イギリス首相ウィンストン・チャーチルは、その著書『第二次大戦回顧録』にこう記している。

〈日本の海軍航空隊の成功と威力は真に恐るべきものであった。シャム湾ではわが第一級戦艦二隻が魚雷積載機により数分間で沈められた。いままた、二隻の大切な巡洋艦が急降下爆撃という、全然別な空襲のやり方によって沈められた。ドイツとイタリアの空軍を相手にし

た、わが地中海での戦争を通じて、こんなことはただの一度も起こっていない〉

世界一の命中精度を誇った日本海軍航空隊の急降下爆撃

この戦闘で、我が急降下爆撃隊は53発の爆弾を投下し、その内の実に47発を2隻の敵艦に命中させており、その命中率は「88％」という恐るべきものだった。ちなみにこの命中率は、現代のハイテク対艦誘導ミサイルとほとんど同じか、あるいはそれ以上である。

大成功した真珠湾攻撃でも急降下爆撃の目標に対する爆弾命中率は59％であり、後の珊瑚海海戦における空母「レキシントン」および「ヨークタウン」に対するそれは、それぞれ53％と64％であった。一方、米軍の急降下爆撃の命中率は、かのミッドウェー海戦で日本空母へのそれがわずか36％であったことからも、このセイロン沖海戦における日本海軍急降下爆撃隊の命中率は群を抜いて高かったわけである。繰り返すが、日本海軍急降下爆撃隊の命中率は、目標に電子的にロックオンしてコンピュータによって誘導される現代のハイテク兵器並みだったのだ。

そして迎えた4月9日、南雲機動部隊は、再びセイロン島のトリンコマリーの港を空襲した。だが今回も前回のコロンボ空襲と同じく、英艦隊主力は不在であったため、港湾施設や飛行場の攻撃を実施した。ちょうどそのとき、戦艦「榛名」の水上偵察機が、空母1隻と駆逐艦1隻を発見した。

空母「ハーミス」と豪駆逐艦「バンパイア」だった。これを受けて99式艦上爆撃機の急降下爆撃隊が出撃し、次々と250キロ爆弾を叩きつけていったのである。命中、命中、命中！

2隻の重巡洋艦を葬ったときと同じであった。急降下爆撃隊は45発の爆弾を投下し、その内の実に37発を空母「ハーミス」に叩きつけたのである。命中率は、これまた脅威的な82％。面白いほどに命中する爆弾、それはまるで〝爆撃訓練〟の様であった。

空母「ハーミス」に直撃弾を食らわせた前出の板津辰雄2等兵曹はそのときの戦闘の模様を克明に記している。

〈「突撃隊形作レ」

各母艦艦爆隊は、めいめいに狙いを定めながら緩降下で、単縦陣をつくりながら目標上空を左へ左へと旋回をはじめた。「ハーミス」の甲板上には一機の飛行機もいない。前甲板には日の丸を記して偽装しているのが哀れだ。高角砲を撃ち上げてきた。

一番機が突っ込んで行った。初弾命中。艦尾から十五メートルぐらいの所に白煙が上がった。後続機の爆弾も一番機につづいて後甲板を直撃している。私は艦橋下部の火薬庫附近を直撃しようと思った（日本の空母ではそこに火薬庫がある）。

「前部の火薬庫をねらうぞ」

前席に声をかけて、左旋回しながら母艦に見入っていると、「カン」と音がした。前を見ると、エンジンの直前に砲煙が上がっている。もう五十メートルも前進していたら、直撃を受けるところだ。余裕はない。機をひねって降下して行った。爆弾は狙いどおり艦橋前に直撃した。

機を引き起こして旋回しながら、後続機の爆撃状況を見守った。新たに目標ができて、全弾が艦橋附近中央部に集中しはじめた。

敵空母はよろめくように左へ傾きはじめた。と、艦中央部から物凄い火柱が噴きあがった。大爆発だ。火薬庫が誘爆を起こしたのだろう。船体が真っ二つに折れて轟沈した。時計を見た。午後一時五十五分。初弾が命中してからわずか数分間である〉（『丸別冊　太平洋戦争証言シリーズ⑧　戦勝の日々』）

そして空母「ハーミス」に随伴していた豪駆逐艦「バンパイア」と哨戒艇「ホーリー」および2隻の商船にも急降下爆撃隊が襲いかかり、これら艦艇にも次々と爆弾が命中、海の藻屑と消えていったのだった。このときの旗艦空母「赤城」艦橋の様子を淵田美津雄中佐は、次のように記している。

〈やがて例の通り、江草隊長の簡潔明快な無電が入ってきた。

「突撃準備隊形作れ」

いよいよ降下爆撃隊がハーミスを認めたようである。つづいて、

「全軍突撃せよ」

赤城の敵信班は、ハーミスのわめき立てる電話が止んだと報じた。するとまもなく、江草

隊長の無電が入る。

「ハーミス左に傾斜」

「ハーミス沈没」

艦橋でワッーと歓声があがる。

「残り駆逐艦をやれ」

「駆逐艦沈没」

「残り北の大型商船をやれ」

「大型商船沈没」

まことに、胸のすくような戦況であって、僅か二十分であった〉(『真珠湾攻撃総隊長の回想　淵田美津雄自叙伝』)

ちなみに、駆逐艦「バンパイア」へは16発が投弾されて13発が命中、命中率は81%であり、大型輸送船へは投弾された18発の爆弾の内、16発が命中してその命中率は88%と、恐ろしく高い命中率を記録したのである。

ヨーロッパ戦線を含めて第2次世界大戦を通して、かくも高い命中率を誇る急降下爆撃ができたのは日本海軍だけであった。

日本海軍の急降下爆撃隊の腕前は、紛れもなく〝世界一〟だったのである。

大東亜戦争の天王山だった「フィリピンの戦い」

開戦劈頭、本間雅晴中将率いる第14軍は、米軍の牙城フィリピンを攻略し、敵将マッカーサー将軍はコレヒドール島から逃亡した。日米両軍を率いた指揮官の資質の違いはあまりにも大きかった。

マニラに向けて進撃する日本軍戦車隊

第14軍を率いた本間雅晴中将

西部劇のような決闘をしてのけた岩田義泰中尉の武士道

昭和16年（1941）12月8日、真珠湾攻撃およびマレー半島への上陸と同時に実施された米領グアムへの空襲、そして米領フィリピンにも空襲が行われて米極東航空軍は壊滅的打撃を被った。

日本の海軍航空隊は台湾から飛び立った零戦34機と陸上攻撃機53機が米軍クラーク飛行場を襲い、零戦51機と陸上攻撃機53機がイバ飛行場を攻撃して、B17爆撃機、P40戦闘機など100機以上の米軍機を地上で撃破した。そしてその2日後には、マニラ湾の米艦艇を爆撃してフィリピン攻略戦の準備を整えたのだった。

こうして敵の航空戦力を叩いた後の昭和16年12月22日、本間雅晴中将率いる陸軍第14軍の第48師団（土橋勇逸中将）がリンガエン湾に敵前上陸を敢行した。ただし一部の部隊は、これより前にフィリピン各地に上陸しており、さらに24日には第16師団（森岡皐（すすむ）中将）がラモン湾に上陸し、ルソン島の西から挟撃するようにマニラを目指して進撃を開始した。

■「フィリピン作戦」概要図

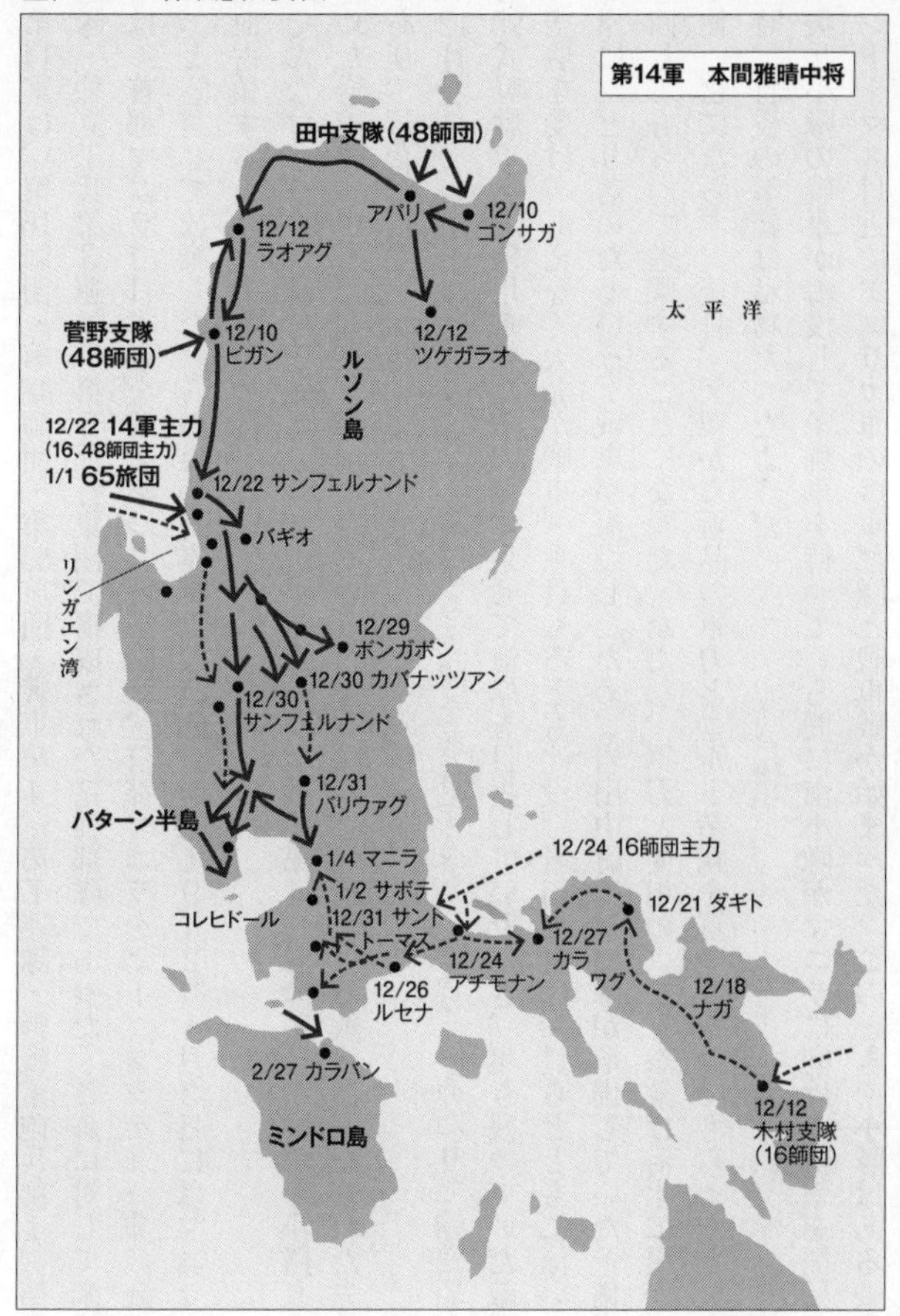

参考／『戦史叢書』

第14軍は、第16師団・第48師団・第65旅団・戦車第4、第7連隊・野戦重砲兵第1、第8連隊・独立工兵第3連隊・第5飛行集団で構成された精強部隊であった。これに対して米比軍は 首都マニラで日本軍を迎え撃つことを諦め、首都マニラをオープンシティ（非武装都市）と宣言して放棄した。このため日本軍は、昭和17年（1942）1月2日にはマニラを無血占領することができたのだった。

そんなマニラへ部隊の先頭に立って進撃したのが、戦車第4連隊の第3中隊第1小隊長を務めた岩田義泰中尉だった。岩田中尉率いる第1小隊は、戦車による敵状偵察を兼ねた先兵であり、「尖兵小隊」と呼ばれた。

12月22日、岩田中尉はリンガエン湾から上陸を敢行するも、沖合4キロあたりで輸送船から95式軽戦車を上陸用舟艇たる大発に乗せて海岸を目指していたとき、生き残っていた敵機の空襲を受け、あえなく大発が戦車・乗員もろとも沈没。岩田中尉は乗員らとともに泳いで海岸にたどり着いたという。戦車が海没したため、岩田中尉は、連隊が準備していた予備車を回してもらって進撃することになった。ただし、軍刀と愛用のコルト拳銃は海水に浸かって使い物にならず、後日、父親から新品の軍刀とコルト拳銃を買って送ってもらったという。当時、将校の拳銃は私物だったようだ。

尖兵小隊の戦車が海没して予備車を待っている間に南小隊がマニラに向けて進撃を開始し、サントーマス付近でアメリカ軍の戦車部隊と戦車戦が始まった。このとき南小隊はある戦術で敵戦車部隊を打ち負かした。南中尉は、前進してくる10両のM3戦車に対し、先頭の3両に集中砲火を浴びせ見事これを撃破。米軍の戦車はガソリンを燃料としていたので砲弾の当たり所によっては火災を起こしやすかった。なるほど先頭の隊長車はその計算通り95式軽戦車の集中砲火を浴びて炎上、天蓋を開けていた2両目は砲弾が飛び込んで乗員が戦死、3両目は故障で動かなくなった。これを見た後続車両は白旗を揚げて降伏したという。

岩田義泰氏は感慨深げに言う。

「この話を同期生の南中尉から聞いたとき、アメリカ軍の戦い方を垣間見たような気持でした。日本軍のように、彼らは最後の一兵まで戦おうとはしないんだと……」

これが日本軍とアメリカ軍の史上初の戦車戦であり、日本軍に軍配が上がったのである。勝利した南小隊は米軍M3戦車を5両鹵獲（ろかく）し、第4戦車連隊の予備戦力として編入した。

「のちに、この鹵獲したM3戦車の内の1両を私が使うことになるんです。ただしこのM3に乗るときは行軍のときだけです。いざ戦闘になるときはもちろん、日本の95式軽戦車に乗り換えました。そりゃ、戦死したときアメリカ軍の戦車に乗っていたなんて恥ですからね」（岩田氏）

日本軍人は死ぬときも潔くありたいと願っていたのだ。

昭和16年12月24日のクリスマスイブ、尖兵小隊を率いた岩田中尉がビナロナン付近で敵部隊と遭遇した。岩田氏は、道路脇に縦隊で止めた戦車部隊の写真を私に見せながら話してくれた。

「ビナロナンに着いたときは夕方で、あたりはもう薄暗かったですね。その時、ビナロナンには敵の大部隊がいることは分かっていたので、ひとまず道路脇に私の小隊の戦車を止めたんです。するとアメリカ軍のトラックやら装甲車がこっちに向かってきたんです。彼らはどんどんと道路脇に止めた我々とすれちがって行きました。リンガエン湾に向かった日本軍を迎え撃つべく大部隊で移動しているのでなかなか車列が途切れません。後続部隊が次々とやって来るんですよ。

そのうちに暗闇で見分けがつかない我々に向かって『アメリカン or ジャパニーズ？』なんて聞いてきたんです。そこで私が大きな声で『アメリカン！』と答えると、連中は満足げに『オーケー！』と返して、そのまま通り過ぎていったんです。そのとき私の尖兵小隊には鹵獲した敵のM3戦車もありました。彼等もまさか日本軍がこんなに早くやって来ていると は思わなかったんでしょうね」

岩田中尉らの尖兵小隊は、敵の懐深く侵入していたのである。だが、鹵獲したM3戦車がカモフラージュになったのだろう。日本軍戦車部隊を味方と勘違いして安心して通り過ぎていったのだった。まるで映画のワンシーンのような出来事である。

岩田中尉は、〝荒野のガンマン〟のようなピストルによる一対一の決闘も演じている。

「敵の地図を手に入れて見たんですが、よく分からない。私は、ロシア語には長けていたのですが英語はさっぱりでした。我々は、敵中突破して敵のど真ん中にいたわけですから、状況把握に努める必要がある。そこで私は、下士官3人を連れてジャングルに分け入って偵察を行ったんです。そうしたら舗装道路を十数台の敵のトラックが我々の方へ向かって来る。リンガエン湾に向かおうとしていたのでしょう。そのせいで我々は道路に止めた戦車に戻れなくなってしまったんです。

そこで私は、『いざというときは、お前たちが小銃で援護してくれ』と言って、部下達の制止を振り切って、一人で道路へ偵察に出ていったんです。すると敵のトラックが急に止まって、敵兵が偵察に降りてきました。一番先頭にいたのが指揮官の中尉でした。向こうもびっくりしたと思いますよ。まさかこんなところに、すでに日本兵がいるとは思わなかったでしょうからね。

敵のトラックから100メートルくらい離れたところで、敵の指揮官が私に向けて先にピストルを撃ってきました。私も撃ち返しました。この指揮官と一対一に向き合って、まるで西部劇のような一対一の決闘になってしまったんですよ」

岩田中尉は、片手でピストルを持つ仕草をしながら当時の決闘の場面に舞い戻って話を続けた。

「互いの距離は50メートルくらいだったんですが、弾が当たらないんですよ。平素の射撃訓練の成績は良かったんですがね。弾をムダにしないようにしっかりと狙って撃ったのですがそれでも当たりませんでした。相手の発射音を聞いて身をよじって避けるのですが、実際はそれでは遅い。けどそれが人間の本能なんですね。相手のピストルもコルトだったと思うんですが、撃ち合いを続けて敵の最後の6発目が私の股の下を飛び抜けていった。それで弾がなくなって敵が予備弾倉を装填しようとしゃがんだとき、私が最後の1発を、絶対に外すまいと、しっかり狙いをつけて撃ったんです。するとその1発が敵の眉間に命中して彼は後ろに吹っ飛んで倒れました」

敵兵が最初に撃ってきたので、交互に撃ち合えば同じ数の弾倉なら相手が先に弾切れになる。だが岩田中尉には最後の1発が残っていた。この最後の1発で敵を仕留めたのだった。まさに西部劇の映画のようなシーンである。

この一騎打ちの様子を助太刀せずに観ていた敵兵は、現場から逃げようとしてトラックを反転させるなどし始めたという。岩田中尉はこのチャンスを逃さず、ジャングルからとび出して停車させていた自分の戦車に飛び乗るや、車載の機関銃で敵を掃射した。戦車には対空用の機銃を含めて正面に2挺の機銃が搭載されていたので、10両の戦車ならば20挺となる。この20挺の機関銃で一斉射撃したのだ。敵兵は、トラックから飛び降りてクモの子を散らすように逃げていったという。

「敵がいなくなったあと、私は倒した米兵のもとへ行きました。そして戦死した彼に『お互い名も知らず、国のために戦ったんだよな。君にも家族がいるんだろう…』と語りかけました。彼のポケットから携帯コーヒーと彼女の写真が出てきました。そして部下に手伝ってもらって、この米兵の亡骸をゴムの木の根元に寄りかからせるように安置して、『後続日本軍部隊に告ぐ　この勇士は祖国のために戦へり。後続部隊は丁重に扱われたし　尖兵小隊長岩田中尉』と書いた木の札を掛けて弔いました」（岩田氏）

なんという武士道精神であろう。ついさきほどまで命がけの決闘を演じた敵兵の亡骸に対して、その武勇を称えかくも丁重に弔うとは。これぞ日本軍人なり。

昭和17年1月2日、米軍はバターン半島に退却し、ついにオープンシティとなった首都マニラに日本軍が入城した。岩田中尉らは、首都マニラに一番乗りを果たした最初の戦車部隊であった。

彼は、ただちにマニラホテルにあった米極東軍司令官・ダグラス・マッカーサーの執務室に踏み込んだという。

「何が起きるか分からなかったので、マニラホテルの前に戦車を並べ、いつでも撃てるようにしてホテルの5階にあるマッカーサーの執務室に入ったんです。しかしすでにマッカーサーはおらず、隣の私室には、靴がちらかって、帽子が踏み潰され、電話線が切られていました。残されて捕虜になった米兵に聞いたら、数日前にマッカーサーは参謀長らと共に家族を連れてコレヒドール島へ逃げて行ったということでした」（岩田氏）

ここにも日本軍と米軍の指揮官の違いが見て取れる。マッカーサーとはその程度の男だったのだ。
後に岩田中尉は、この部屋で見つけたマッカーサーの帽子をもって進撃したが、途中でどこかに失くしてしまったと残念がっていた。

甚大な被害を出したバターン半島攻略戦

マニラを占領するや第14軍司令官・本間雅晴中将は、第14軍管轄の将校800人をマニラホテル前の大広場に集めて演説した。
「『日本軍が敵の首都を占領したのは初めてである。であるから皇軍としての名誉を汚すようなことは絶対にするな！　焼くな、女性を犯すな、奪うな、これを犯した者は厳罰に処す！』と、1時間にわたって皇軍として襟を正すべきを演説されたことをよく覚えています」（岩田氏）
日本軍の最高指揮官たる本間雅晴中将は、部下に対して厳正に振る舞うよう指導するなど実に立派な人であった。マニラ陥落後、大本営の命により第14軍最強の第48師団が蘭印攻略作戦のために抽出され、岩田中尉ら第4戦車連隊も輸送船に乗ってオランダ領インドネシアへ転戦していった。代わって軽装備の第65旅団（奈良晃中将）がバターン半島に逃げ込んだ敵の追撃を開始したが、米軍は密林に覆われたバターン半島に幾重もの防御陣地を構築しており、日本軍は手痛い打撃を被ることになったのである。第65旅団は、半島南部にそびえるサマット山の攻防戦で兵力の60％を失ったという。

というのも、そもそも第65旅団はマニラ占領後の警備を担任する目的で送り込まれた軽装備の部隊であり、険しいジャングルに分け入って敵と本格的な戦闘をすることを想定していなかったうえに、将校以下の多くが応召者であり、しかもトラックなどが少なく機動力がなかった。そんな部隊が密林の中に分け入って、敵の堅固な防御陣地に正面攻撃を仕掛け、あるいはドラム缶を針金で束ねて原始的な筏を作って海上を機動しなければならなかったのである。

そんな状況下でも将兵はよく戦った。第65旅団歩兵第122連隊の大隊砲小隊長の中西康夫中尉は、ルソン島西部のバヤンダイのジャングルでの激しい白兵戦の様子を記している。

〈翌二十一日の黎明を迎えると、大隊砲、機関銃、軽機関銃、擲弾筒、小銃にいたるまで全火力をもって一斉射撃を実施した。大隊砲の零距離射撃ははじめてのことである。

中隊長の「突撃、進め、突っ込め」の号令で、日の丸の旗を先頭に、喊声をあげて突撃する。敵はこの勢いに呑まれたのか、大あわてで退却し、難なく占領に成功する。あとには戦死者数名と兵器等が散乱していた。大成功である。

兵隊さんは現金なもので、昨夜の沈んだ気分はどこかへ吹き飛んだ様子である。稜線上に日の丸の旗が翻った。連隊長も、大きな喊声に突撃が成功したものと察し、間もなく第一線

に出てこられた。一兵の損失もなく、バヤンダイの黎明攻撃は成功した〉(『丸別冊　戦勝の日々』潮書房)

　こんな痛快な話もある。第16師団参謀の太田庄次少佐は言う。

〈モウバン付近の戦闘において、多数の兵器を鹵獲したが、その中に十五センチ加農砲(カノン)や十五センチ榴弾砲等があった。これら重砲は、木村支隊のオロンガポからモロンにいたるあいだ、われわれを猛射して前進を妨げ、将兵をして、ドラム缶がとんでくると悩ませたものであった。これを鹵獲後、野砲隊はその砲口を敵方に向けて、敵陣を射撃し、溜飲を下げたものである〉(前掲書)

　このように、フィリピンの戦いでは大量の米軍火砲や機関銃などを鹵獲し、前出の第4戦車連隊の岩田義泰中尉のように利用して戦ったケースが多かったという。

だが、最初のバターン半島攻略戦では、木村大隊および恒広大隊のように大隊規模で玉砕するなど、開戦劈頭のあの快進撃の最中、日本軍が大損害を受けていたことはあまり知られていない。第1次バターン攻略戦が失敗したことを重くみた大本営は、砲兵・航空部隊など兵力を大幅に増強して第2次総攻撃に備えた。そして15チセン榴弾砲、10チセン加農砲、山砲、迫撃砲など大小300門もの大砲が増強され、さらに爆撃機100機が加勢して第2次総攻撃が実施されたのである。前出の大隊砲小隊長であった中西康夫中尉によると、第2次総攻撃の特徴は比島砲兵司令官の統一指揮のもとに、空前の規模で全軍の重砲を撃ち込むことだったという。

こうして昭和17年4月3日、サマット山に立て籠もる米比軍に朝から猛烈な射撃が開始され、第22飛行集団の爆撃機が爆弾の雨を降らせ、サマット山の北西麓の陣地を制圧したのだった。

この攻撃準備射撃の凄まじい様子を中西中尉は生々しくこう綴っている。

〈今日はいままでと全然ちがい、友軍の独断場で、敵砲兵は沈黙したままである。わが陣地内に二十四センチ特殊臼砲が陣地侵入し、射撃を開始する。弾丸が大きくて、一発の弾丸を二人で天秤で運んでいる。

射距離は千五百メートルぐらいしか飛びそうにないが、敵の突角陣地を射撃してくれる。射撃というより爆撃している感じである。弾着も良好、破壊力も抜群で、大きな土のかたまりが中天に舞い上がっているのがよく見える。弾丸は大きく、速力が遅いので、弾道がよく見える。魚雷が空中飛行しているようなものである。双眼鏡で見ると、突角陣地の敵兵は浮き足立って逃走している者もいる。敵陣地にたいする爆撃も効果的で、威勢のよいことこの上ない。戦闘は勢いであることをつくづく感じた。これまでの苦労も吹き飛んだ気持である。

七・五センチ以上の三百門の集中攻撃により、チャウェル河谷一帯が鳴動し、砂塵がまきあがり、サマット山頂を包んで、そのさまは壮観そのものであった。この日の発射弾数は一万四千発にのぼった〉（前掲書）

激戦の末の昭和17年4月9日、ついにキング少将が降伏し、バターン半島は日本軍の手に陥ちた。半島最大の要衝マリベス山頂に日章旗が翻ると、歓喜の万歳は止むことがなかったという。

だがこの日本軍勝利の陰には、台湾の高砂義勇隊がいたことも忘れてはならない。大戦末期のフィリピンで、海軍軍人でありながら陸軍の戦車部隊と共に徹底抗戦したフィリピン戦友会々長の寺嶋芳彦氏は身を乗り出していう。

「それにしましてもね、フィリピンのジャングルの中では、台湾の高砂族の兵隊は、それは強かった。ああ、彼らは本当に強かったですよ……。この人たちは、今でも教育勅語やら軍人勅諭をすらすら言える。日本人以上ですよ。本当に感謝しております」

つい昨日のことのように高砂義勇隊の武勇について語る寺嶋氏は、いまでも彼らの勇敢さが忘れられないという。詳細は別項に譲るが、台湾の高砂族の兵士達は、同じマレーポリネシアン系のフィリピン原住民と言葉が通じ、ジャングル戦闘では彼らのサバイバル術が多くの日本兵の生命を救った。とりわけフィリピン戦では、バターン半島攻略戦、これに続くコレヒドール島攻略戦など、主要な戦いで大活躍し、日本軍の勝利に大きく貢献している。

「バターン死の行軍」の真相

バターン半島を制圧した日本軍だったが、米比軍合わせて7万を超える兵士が続々と投降してきたため、その措置に悩まされた。中西康夫中尉は実際に捕虜を扱った経験を持つ。

〈六日朝、目がさめたあと、武装を解いたまま十メートルばかり下におりて小便をすませ、また壕へ帰ろうとすると、すぐ隣の壕に、逃げ遅れた敵兵が頭だけ出して、私の様子を見つめている。

私もアラッと思ったが、手ぶらであるので、私の方へ来るように手まねきする。彼は小銃に包帯をなびかせて近づき、私の足もとに膝まずいて拝むようにする。これが本当の降参かと思った。

（中略）昼ごろになると、中隊のところへ、来るわ、来るわ、何とも手のつけようのないほど多数の捕虜が現われた。五、六百名ぐらいはいたであろうか。中隊の数の三倍ほどで、しかもまだ戦闘の最中である。こんなに現れては、こちらが迷惑である〉（前掲書）

続々と投降してきた米兵達を今度は捕虜として捕虜収容所に収容せねばならなかった。それが〝バターン死の行進〟という悲劇の始まりだった。予想をはるかに超える膨大な数の捕虜をバターン半島南端からサンフェルナンドまで移動させねばならなかった日本軍には、充分なトラックがなかった。したがってその移動手段は、徒歩以外になかったのである。むろん体力が衰え、マラリアに罹患した捕虜にとって60キロもの行軍は過酷だった。炎天下の徒歩行進の途中に力尽きて息を引き取る者、脱走を試みるなどして銃殺される捕虜も出た。そうして1200名の米兵と1万6千名のフィリピン兵が亡くなったといわれている。誠に残念なことであった。

　これがいわゆる〝バターン死の行進〟であるが、日本軍は米比軍捕虜をサンフェルナンドから捕虜収容所のあるカパスまで汽車で護送しており、捕虜達を虐待するために故意に歩かせたわけではない。ところが戦後、サンフェルナンドからカパスまでの汽車による護送の事実は耳にすることがない。第14軍参謀長・和知鷹二（わちたかじ）中将は戦後次のように述懐している。

〈水筒一つの捕虜に比べ、護送役の日本兵は背嚢を背負い銃をかついで一緒に歩いた。できればトラックで輸送すべきであったろう。しかし次期作戦のコレヒドール島攻略準備にもトラックは事欠く実状だったのである。決して彼らを虐待したのではない〉（産経新聞社編『あの戦争』上）

　バターン半島の戦いが終わると、日本軍はコレヒドール島の攻略に乗り出した。

コレヒドール島は、バターン半島の南端から約2キロの海上に浮かぶ要塞島で、マニラ湾に入る船舶を監視するため、当時大小合わせて56門の大砲が並び、その他76門の高射砲および機関砲が配備されていた。昭和17年4月14日、米軍が籠城する難攻不落の要塞コレヒドール島をめぐる戦いが始まった。

　日本軍はバターン半島南端に１６０門を超える砲列を敷いて猛烈な射撃を実施した。と同時に空からは爆撃機が爆弾を叩きつけた。むろん、米軍もあらゆる火砲を動員して、対岸の日本軍陣地へ反撃した。バターン半島の南端からコレヒドール島までの距離はわずか2キロ。目と鼻の先にオタマジャクシのようなコレヒドール島がある。だからこそ、砲撃戦の巻き添えにならないようバターン半島南端で投降してきた米比軍捕虜を事前に北へ移動させなければならなかったのだ。こうした人道的見地から捕虜を移動させようとしたのは知将・本間中将ならではの判断ではなかったか。

5月5日、陸軍第4師団・歩兵第61連隊の2個大隊と戦車第7連隊がコレヒドール島に敵前上陸を敢行し激しい戦闘が繰り広げられた。そして5月7日、在比米軍司令官ウェーンライト中将はついに日本軍に降伏したのである。

ところが、そこにダグラス・マッカーサーの姿はなかった。

激しい戦闘が行われている最中の3月12日、マッカーサーは、妻子、幕僚、そしてフィリピン大統領マヌエル・ケソンら16名とともに、あろうことか部下を置き去りにして魚雷艇でコレヒドール島を抜け出し、ミンダナオ島から飛行機でオーストラリアへ脱出したのだった。

オーストラリアに着いたマッカーサーは新聞記者を前にこう嘯(うそぶ)いた。

〈大統領は私に、日本軍の前線を突破するように命じた。私の理解するところでは、それは日本にたいするアメリカの反攻を組織するためであり、その主たる目的はフィリピンの救出である。私は危機を切りぬけてきたし、私はかならず帰る〉(半藤一利著『戦士の遺書』文春文庫)

この最後の「私はかならず帰る」が、かの有名な「I shall return」なのだが、実際は紛れもない〝敵前逃亡〟だった。『戦士の遺書』の著者である半藤一利氏は言う。〈〝逃亡ではなく、敵の前線突破である〟といいだしたところに、実にマッカーサーらしい見栄の張りようがある〉

このマッカーサーの「I shall return」にはもう一つの理由があった。米陸軍士官学校を首席で卒業後、フィリピンを最初の赴任地に選んで以来、彼はフィリピンの米軍司令官（1928年）、フィリピン軍事顧問（1935年）、そして1941年にはアメリカ極東陸軍司令官としてフィリピンと関わり続けたのだ。上智大学助教授・豊島哲氏はこう指摘している。〈『アイシャルリターン』と全世界に公約した手前、また金鉱山への秘密投資といった利権を持ち、マニラ・ホテルの共同経営者でもあり、ケソンらフィリピン政界人らが待つフィリピンへの早期進攻が遅れることを危惧したマッカーサーは、海軍の戦略にケチをつけた〉（『朝鮮戦争』上／学習研究社）

つまりマッカーサーのフィリピン反攻作戦は、自己の利権のためでもあったのだ。マッカーサーに関する多くの著書は、彼を「利己的」「自惚れ」「独裁者」「傲岸不遜」と批判し、「〝バターン死の行進〟の責任の一端はマッカーサーにある」というものまである。そしてまったくもって信じがたいのは、自らはオーストラリアに脱出後、逃亡先のオーストラリアからフィリピンに残してきた在比米軍司令官ウェーンライト中将に、「絶対に降伏してはならない」という身勝手極まりない命令を出していることだ。そして部下を救うためにやむなく降伏を決意したウェーンライト中将に対して激怒し、〈ウェーンライトは一時的に精神の安定を失い、そのため敵につけいられ利用されているものと信じている〉（『戦士の遺書』）と、ワシントンへ打電したというから呆れてものが言えない。

　自分は敵前逃亡しておきながら、自らの保身のためなら平気で部下に責任転嫁する指揮官、それがダグラス・マッカーサーの実像なのだ。

虚栄心の塊だったマッカーサーの犠牲者たち

　いわゆる東京裁判もマニラ軍事裁判も、この復讐裁判で殺された〝戦犯〟と呼ばれる日本軍将兵は皆、マッカーサーの虚栄心の犠牲者と言ってよいだろう。開戦劈頭のフィリピン攻略時の第14軍司令官・本間雅晴元中将もその一人だった。
　昭和20年（1945）8月30日、厚木に降り立ち、横浜のホテル・ニューグランドについたマッカーサーは、すぐにエリオット・ソープ准将に命令した。
〈東条を捕らえよ、嶋田と本間もさがせ。そしてそのほかの戦犯リストを作れ〉（前掲書）
　そもそも本間雅晴中将は、昭和17年8月31日のフィリピン戦終結後には比島方面軍司令官を解かれ予備役にあり、終戦時は民間人だったのである。それでもマッカーサーは自らの屈辱を晴らすためには、なりふり構わなかった。このときの訴因が、かの〝バターン死の行進〟だったのだ。マッカーサーは、自らの輝かしい軍歴に「敗北」「撤退」という泥を塗った本間中将が、どうしても許せなかったのだ。

〈元気な人間ならどうということない収容所までの距離を歩かせたことが『バターン死の行進』として、後々まで問題になってゆく。その自らの罪を、彼は、マッカーサーの状況判断の甘さであった。その自らの罪を、彼は、14軍司令官本間中将を糾弾することで、うやむやにさせたかった。マッカーサーの私的裁判と言うべきマニラ軍事法廷は、どうしても本間雅晴を銃殺刑にさせなければならなかったのである〉（『実録太平洋決戦』立風書房）

対米戦反対を唱えながらも米軍と戦いフィリピンの人々に対して善政を敷いた本間中将は、その処刑を前にこう遺した。

〈私はバターン半島事件で殺される。私が知りたいのは広島や長崎の何万もの無辜の市民の死は、いったい誰の責任なのかということだ。それはマッカーサーなのか、トルーマンなのか〉（『戦士の遺書』）

マッカーサーの私的な復讐劇裁判で殺されたのは本間中将だけではなかった。米軍によるフィリピンへの反攻直前の昭和19年（1944）10月になって第14軍司令官となった〝マレーの虎〟こと山下奉文大将である。終戦後、山下大将はあえて「生きて虜囚の辱め」を受けた理由を側近にこう語っていた。

〈私はルソンで敵味方や民衆を問わず多くの人々を殺している。この罪の償いをしなくてはならんだろう。祖国へ帰ることなど夢にも思っていないが、私がひとり先にいっては、責任をとるものがなくて残ったものに迷惑をかける。だから私は生きて責任を背負うつもりである。そして一人でも多くの部下を無事に日本へ帰したい。そして祖国再建のために大いに働いてもらいたい〉（前掲書）

山下大将はその思いをうたに込めた。

〝野山わけ　集むる兵士十余万　還りてなれよ　國の柱に〟

彼は、ただ十余万の部下を無事復員させることだけを考えていたのである。

「そりゃ、山下大将は素晴らしい司令官でしたよ…」

そう語ってくれたのは、前出の「フィリピン戦友会々長」の寺嶋芳彦氏である。数々の戦いを経験してきた寺嶋氏は、昭和19年9月26日に敵潜水艦と交戦の末、乗艦「蒼鷹」が沈没。救助されてフィリピンに上陸した。そして、翌年4月からは、なんと陸軍の戦車第2師団（撃兵団）に配属され、戦車部隊の一員として米軍と交戦。寺嶋氏は、戦車部隊壊滅の後も、戦車の車載銃を外して山中に籠り、終戦後の9月16日に下山するまで徹底抗戦を続けた類稀な歴戦の勇士だった。そんな寺嶋氏が山下将軍について語る。

「山下大将は、米軍に対して、『日本人を全員本国へ送還してもらいたい。そうでなければ降伏はしない』と言ってくれたんです。ですからフィリピンで戦った人は皆、山下大将を心から尊敬していますよ。私もこの山下大将のお言葉で9月16日になってようやく山を下りる決意をしたんです」

部下から蔑まれていたマッカーサーとは大きな違いである。

一方、マッカーサーは部下からこのように見られていた。

〈コレヒドール島の地下壕に籠もったマッカーサーは、兵士らを3ヶ月に一度しか見舞わなかったので、兵士らは『ダグアウト・ダグ（地下壕にいるダグラス）』という歌をつくってマッカーサーを嘲笑した〉（『朝鮮戦争』上）

山下大将を〝正義〟の美名の下に裁いて処刑したのは、部下を置き去りに敵前逃亡し、そして敗戦の責任を部下に押し付けたダグラス・マッカーサーだったのだ。マニラ軍事裁判で山下大将の弁護人であった米国人フランク・リールは、その著書『山下裁判』で次のように書いている。

〈祖国を愛するいかなるアメリカ人も消しがたく苦痛に満ちた恥ずかしさなしには、この裁判記録を読むことはできない…。われわれは不正であり、偽善的であり、復讐的であった〉

（『教科書が教えない歴史②』産経新聞社――勝岡寛次「復讐劇だった山下・本間裁判」）

部下を思い自らの責任を貫いた誇り高き日本の最高指揮官と、部下を見棄て保身のためなら責任転嫁も平気でやってのける虚栄心と復讐心の塊だったアメリカの最高指揮官の違いはあまりにも大きい。

赴任当初から、〝マレーの虎〟山下将軍は、最大の島ルソン島で米軍を迎え撃とうと考えていた。

ところが、そこへ台湾沖航空戦の〝大誤報〟が舞い込んできた。「巡洋艦2隻大破」でしかなかった実戦果が、「敵空母撃沈11隻を含む撃沈破45隻」と発表されてしまったのである。

大本営はいきり立った。神機到来と、誰もがこの大勝利を疑わなかった。そんな折、レイテ島に押し寄せて来た米軍を認めた大本営と南方軍総司令官・寺内寿一（ひさいち）元帥は、山下将軍の唱えるルソン決戦を黙殺し、決戦場をレイテ島へと切り替えてしまったのである。その結果、戦術的ミスも重なり投入された8万4千名の兵士のうち7万9千名が戦死した。それでも圧倒的物量を誇る米軍を前に、持てる力と叡智を振り絞って日本兵は戦った。残り少ない食料を分け合い、将兵は励ましあって戦った。寺嶋氏は回想する。

「…慣れてくるんですよ…そんな環境にいますとね。耳はとぎすまされて、目は夜でも百メートル先が見えるようになるんです…不思議なもんですわ。食べ物がなくなっても山には春菊やら、芋の葉がありましたから、これを塩茹でにして食べました。…鉄兜をくるっとひっくり返せば鍋になるんですよ（笑）」

フィリピンにおける日本の戦没者52万名は、大東亜戦争戦没者の約25％を占める。フィリピンはまさしく大東亜戦争の天王山だったのだ。ルソン島の奥地をはじめ、周辺の島々には日本軍の慰霊碑も数多く、フィリピン全体が日本兵の墓地のようにも思えてくる。52万もの将兵がこの地で戦死していながら、今も40万柱の英霊がフィリピンの山河で野ざらしのままである。

平成26年（2014）1月16日、元陸軍少尉・小野田寛郎氏が91歳で亡くなった。小野田元少尉は、大東亜戦争末期の昭和19年12月にフィリピンのルバング島に派遣されて以来同島のジャングルに潜伏して戦い続けた。そして終戦から30年後の昭和49年（1974）3月、かつての上官であった元陸軍少佐・谷口義美氏からの任務解除命令を受けて、ようやく矛を収めたのだった。最後まで帝国軍人であり続けた小野田寛郎少尉は、その著書『わが回想のルバング島』（朝日文庫）でそのときの心情についてこう語っている。

〈私は停戦の命令を受けてフィリピンを離れるまでは、あくまで陸軍少尉としての矜持を持続しつづけた〉

この精神力と使命感は、他のいかなる国の軍人にも真似ができるものではない。

不撓不屈の精神をもって30年もジャングルの中で戦い続けた英雄・小野田寛郎少尉こそ、日本軍人の姿そのものだったのである。

空の神兵「蘭印空挺作戦」の痛快無比

昭和17年（1942）1月11日、世界でも珍しい海軍落下傘部隊が、オランダ領セレベス島メナドへ空挺作戦を実施して飛行場を確保した。2月14日には、陸軍落下傘部隊がスマトラ島に空挺作戦を敢行して、パレンバンの大油田地帯を制圧した。これら空挺作戦成功の裏には何があったのか。

パレンバンに降下した第1挺進団の精鋭

堀内豊秋大佐率いる海軍横須賀第1特別陸戦隊もメナドへ空挺降下しランゴアン飛行場を制圧している

久米精一大佐率いる陸軍第1挺進団はパレンバン製油所を急襲制圧した

100倍の戦力を擁する敵を撃破

第2次世界大戦の開戦劈頭、ヨーロッパではドイツ軍によるデンマークやベルギーなどへの攻略戦で、歩兵をパラシュートで降下させて強襲する空挺部隊（落下傘部隊）が投入された。その後、連合軍側もその効果に着目し、空挺部隊をシチリア島への上陸作戦、ノルマンディー上陸作戦、そしてマーケット・ガーデン作戦などにも投入した。練度の高い精強部隊を航空機から降下させる「エアボーン作戦」（空挺作戦）は、彼我の損害を最小限にとどめて短時間で戦略目標を制圧する軍事作戦として重要視され、空挺部隊は今や各国軍の虎の子戦力となっている。

そして日本軍もまた、世界を驚愕させる見事な空挺作戦を実施していた。

大東亜戦争前夜、日本を経済的に孤立させるために、アメリカ・イギリス・中華民国・オランダは「ABCD包囲網」で手を組んだ。このことによって石油や工業資源を入手できなくなった日本は、自力で資源を確保する必要に迫られ、当時、「蘭印」（オランダ領東イン

■「蘭印空挺作戦」概要図

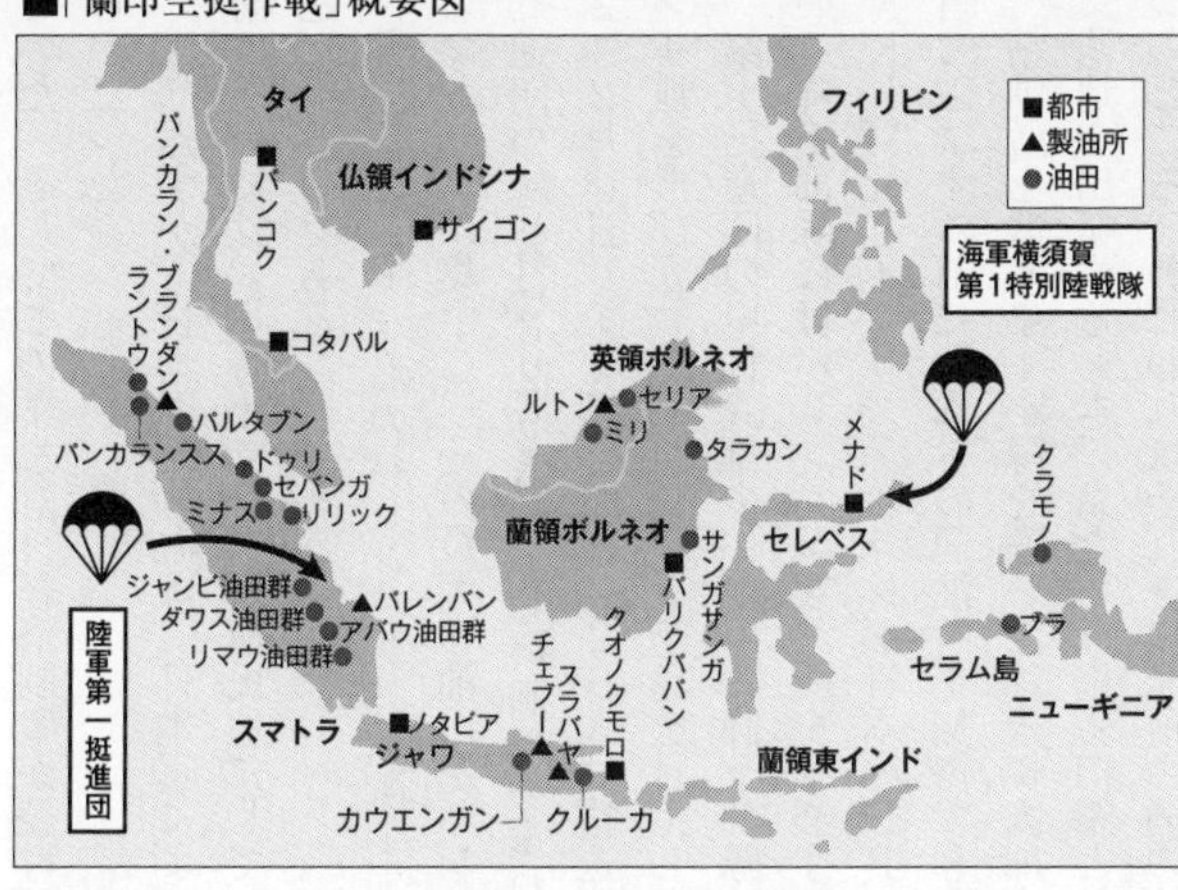

ド）と呼ばれた現在のインドネシアの油田地帯の攻略作戦が計画された。当時の日本の存亡は、いかに迅速かつ無傷で油田地帯を制圧できるかにかかっていたのだ。

そこで日本軍は、久米精一大佐率いる陸軍第1挺進団によるスマトラ島のパレンバン製油所に対する空挺作戦（昭和17年2月14日）を実施したのである。

大東亜戦争の勝敗はこの一戦にかかっていた。パレンバン製油所のあるこの油田地帯を制圧して石油を確保できなければ、軍艦も航空機も戦車も動かすことはできない。当時の日本の石油消費量は軍民合わせて約3700万バレルで、その約8割をアメリカからの輸入に頼り、1割を蘭印から輸入していたのである。したがってABCD包囲網なる経済封鎖は、国民生活にも深刻な影響を与え始めていた。そしてこのまま対日経済制裁が続けば国家がたちゆかなくなくことは誰の目にも明らかだった。

繰り返すが、日本国の運命は、日本軍による石油資源の確保にかかっていたのだ。自存自衛のためには、当時オランダが植民地にしていたインドネシアの大油田地帯の確保が至上命題だったのである。

目標はスマトラ島のパレンバン製油所――。当時の蘭印の総石油産出量のおよそ6割がスマトラ島に集中し、その最大の油田がパレンバン製油所だった。久米大佐率いる陸軍第1挺進団の総勢は329人、厳しい訓練を重ねてきた精鋭揃いであった。昭和17年（1942）2月14日、第1挺進団の329人は輸送機に分乗し、マレー半島のカハン基地とクルアン基地を飛び立って一路スマトラ島を目指した。

第1挺進団の甲村武雄少佐率いる降下部隊は製油所近くの飛行場制圧を行い、中尾中尉率いる降下部隊にはパレンバン製油所を強襲する任務が与えられていた。そこにはアメリカのNKPM社とイギリス・オランダ資本のBPM社があり、彼らが、日本軍の手に渡らぬよう自ら破壊する前にこれらの製油所を無傷で奪取する必要があったのだ。

精油所を襲う第1小隊を率いた徳永悦太郎中尉は戦後、出撃前のエピソードを綴っている。

〈基地を出発するとき、私たちは携帯口糧としてコンビーフの缶詰と乾パンをもらった。じつのところ、われわれはそれを出発前の酒のサカナにして食べてしまった。もちろん部下た

ち も食べた。そしてそのかわり、それだけ余計に弾丸をもった。そればかりではない。予備傘などは必要ないとして、傘をひっぱりだしてそこに弾丸をつめた〉（『丸エキストラ　戦史と旅⑧』潮書房）

降下隊員達は、何よりも敵を倒すことを優先していたのだった。それにしても、万が一のときの予備の落下傘を出して代わりに弾丸を詰めていたとは、あっぱれというほかない。午前11時過ぎ、加藤建夫中佐率いる第64戦隊、通称「加藤隼戦闘隊」の護衛を受けてスマトラ島パレンバンの上空に無事たどり着いた輸送機から第1挺進団の降下兵が次々と飛び出してゆき、パレンバン上空に無数の白い大輪の花を咲かせた。

それぞれの目標に向かって降下した隊員達は、落下傘が風で流されるなどしてジャングルや湿地帯に降りたため着地後の隊員集結に苦労したが、各部隊は割り当てられた目標を次々と制圧していった。

パレンバン製油所を守るために配置についていたのは、重装備のオランダ・イギリス・オーストラリア軍の総勢1千人の部隊であった。製油所を日本軍の手に渡すまいとする敵の抵抗は凄まじく陸軍落下傘部隊は苦戦した。そんな中、ＢＰＭ社の製油所を攻撃した徳永中尉率いる20人の小隊が敵の頑強な抵抗を排除しつつ製油所に突入し、攻防戦の最中に製油所の高所に日の丸を掲げたのである。徳永中尉は回想する。

〈こちらが射撃をやめたと知るや、また敵が撃ってきた。前から左から右からと息もつけぬほどの火網が、私たちを包み始めた。芝生に弾丸が突き刺さって土が散る。芝草がちぎれ飛ぶ。おそろしく低い弾道だ。しかし、ふしぎに敵は近づいてこなかった。かえってあとずさりしていくのを感じた。「逃げるな」と、寺田はとっさに猛射をくわえ、竹原伍長が身をおどらせて、前進した。

ダダダダ…旋風が舞った。私はおもわず頭をふせた。芝生に頭がめりこむど、左耳を下にして…。

そのときだった――。チラッと視野の片すみにあざやかな赤と白が動いたのは――。

日章旗だ!

左手はるか一キロあまりのところにある中央トッピングに、大日章旗がひるがえるのを見た。

「おい、日章旗だぞ」

一瞬、私は敵弾下であることを忘れてあおいだ。一本、二本と日章旗が立っているではないか。

パレンバンの空には、雲がとざしていた。製油所の建物も灰色であった。トッピングの銀色もくすんで見えた。そのなかに血のような日の丸だけがくっきり空をくぎって、左のトッピングにも、右のクラッキングにも二旒の日章旗が風になびいていた。

しばらくは声もなく、いつのまにか涙がほほをつたっていた。

小川、勝俣、黒田などの顔が、涙のなかにぼやけていった。よくやってくれた。ときに十四時十五分であった〉（前同）

ＮＫＰＭ社の製油所も長谷部正義少尉率いる第2小隊が制圧し、飛行場も甲村武雄少佐率いる挺進第2連隊によって占領され、勢いにのった第1挺進団は増援部隊とともに敵を追撃して最大の戦略目標パレンバンを占領したのであった。第1挺進団はこのパレンバン空挺作戦で戦死38人、戦傷50人を出したが、その尊い犠牲と引き換えに、国の存亡にかかわる油田地帯を確保したのである。陸海軍空挺部隊は「空の神兵」と呼ばれ、その名は『空の神兵』（作詩／梅本三郎、作曲／高木東六、昭和17年）の曲とともに全国に知れ渡った。

海軍落下傘部隊と堀内豊秋大佐

だがこの陸軍部隊によるパレンバン空挺作戦のおよそ1カ月前の昭和17年1月11日、海軍の堀内豊秋大佐率いる横須賀第1特別陸戦隊が、セレベス島メナドへ空挺作戦を実施してランゴアン飛行場を制圧、蘭印攻略の口火を切っていたのである。実はこれが日本軍の最初の空挺作戦だった。

昭和17年1月11日早朝、堀内豊秋大佐は命令を下した。

「本陸戦隊は1月11日、０９３０（まるきゅうさんまる）を期し、ランゴンワン飛行場に落下傘降下を敢行し、附近の敵を撃滅したる後、同飛行場及びカカス敵水上飛行基地を占領確保し、以て爾後航空作戦を容易ならしめんとす」

28機の96式陸上攻撃機に分乗した空挺隊員334名は、ダバオから南へ約650キロの蘭印のセレベス島を目指して飛び立った。ところがセレベス島に向かう途中、1機が故障で引き返し、さらに、あろうことか編隊の5番機が味方水上戦闘機の攻撃によって撃墜されてしまったのである。敵機の攻撃を受けて雲海の中を飛行中であった水上機母艦「瑞穂」の零式水上観測機は、雲を抜けたところにこの5番機が目に飛び込んできたため敵機と誤認して攻撃してしまったのだった。というのも、セレベス島への空挺作戦は味方にも秘匿されていたので、観測機は落下傘部隊を乗せた96式陸上攻撃機が飛んでいることなどまったく知らなかったのだ。

味方の誤認攻撃によって12人の降下要員と航空機が失われたため、第1次降下隊は96式陸上攻撃機26機と隊員312人となってしまった。迎えた午前9時50分、第1特別陸戦隊は次々とランゴンワン飛行場目がけて降下を開始し、大空に300余の真っ白い落下傘が浮かんだのだった。

ここに、日本軍によるインドネシア解放の戦いの火蓋が切って落とされた。地上のオランダ軍は、空に浮かぶ日本軍の落下傘めがけて機関銃や小銃を撃ち上げた。敵の対空射撃をくぐり抜けて着地した空挺隊員達は、ただちに地上戦闘に突入した。ところが彼らは、別に傘降下させた梱包を見つけて武器を取り出さねばならず、そのためしばらく拳銃と手榴弾だけで機関銃や装甲車を持つオランダ軍と戦わねばならなかった。まるで警察が軍隊と戦うような状況だったという。

　この作戦に参加した横須賀第1特別陸戦隊の石井璋明一等兵曹は、筆者のインタビューにこう語ってくれた。

「いや、それは物凄い攻撃でした。とにかく頭を上げられませんでした。が、私が降下した場所は草が全体に45センチほどに伸びていたんです。これは、身を隠すためには好都合でした。ところが敵状を見るには姿勢を高くせねばならず、そうすると敵に発見されやすくなって危険でした。実際に、戦友が私の3メートルほどのところで敵情を見ようとして膝立ちした途端に敵の狙撃を受けて『うっ！』という声を残して倒れたんです……。私の傍で戦友がやられた。それを私は目の当たりにしたわけですが、その直後から、それまで多少感じていた恐怖心が一気に吹き飛んで、猛然と敵に挑んでいったのを覚えています。『仇を取ってやるからな！』、まさに〝仇討〟の心境だったと思います。その直後に、誰かが擲弾筒を敵陣地に5、6発撃ち込むと敵が敗走を始めました」

　そして第6編隊の隊員が敵トーチカ附近に降下するや、それまで敵の弾幕射撃に身動きを制限されていた先着の隊員らが猛然と攻撃を始めた。第1特別陸戦隊の猛撃は敵兵をなぎ倒し、そしてトーチカを沈黙させていったのである。こうして日本軍はメナド飛行場を占領した。

この作戦によって我が軍は、戦死者32人（うち12人は友軍機の誤射撃墜による）、戦傷者32人を出したが、ラングンワン飛行場を奪取し、インドネシア解放の最初の凱歌が上がったのである。セレベス島に配置されていたオランダ軍は約3万5千人であり日本海軍落下傘部隊の100倍もの戦力だった。日本軍は圧倒的劣勢にありながら、優勢なる敵を打ち負かしたのである。

この他にも、横須賀第3特別陸戦隊700人がティモール島のクーパンに落下傘降下を行っているが、これら日本海軍落下傘部隊の空挺作戦の成功には、インドネシア人の歓迎と協力があったことを忘れてはならない。実は地元インドネシアに伝わる「ジョヨボヨの予言」なる神話が日本軍に味方したのだった。

神話が落下傘部隊に味方した

12世紀、東ジャワのクディリ王国のジョヨボヨ王が遺した「バラタユダ」なる民族叙事詩の中に、〝空から黄色い人がやってきて、これまで支配していた白い人を追い払う〟といった内容が綴られている。中でも第1特別陸戦隊が落下傘部隊が降下したミナハサ地方には、〝民族が危機に瀕するとき、空から白馬の天使が舞い降りて助けにきてくれる〟という神話が語り継がれていたのだ。したがって、過酷なオランダの植民地支配に苦しんできた地元インドネシア民衆にとって日本軍落下傘部隊は、まさしくその神話に登場する救世主として映ったのだった。つまり白い落下傘で舞い降りてきた降下兵が、神話に登場する〝空から舞い降りる白馬の天使〟に重なったのである。

さらに言えば、日本軍人の地元インドネシア人に対する姿勢が彼らに感動を与え、日本軍は絶大なる信頼を勝ち取ったことも忘れてはならない。堀内大佐は常に地元民の話に耳を傾け、これまでの350年にわたるオランダ植民地支配で苦しんできたことを次々と改善していった。地元住民は日本の軍政を絶賛し大歓迎したが、堀内大佐の温情溢れる振る舞いは地元民に対してだけではなく、オランダ軍捕虜に対しても同様で、日本軍人の真骨頂ともいうべき武士道精神で接したという。

〈堀内には、汝の敵を愛せよというキリスト教の思想は武士道にも通じる、という自論があった。これは開明的な熊本の土壌や両親の感化にもよろうが、生得的な気質でもあった。「投降してきた者はすでに敵ではない。投降兵にも住民にも人類愛をもって臨もう」と言って、投降者に対する暴行、虐待は厳重に禁止し、しばしば訓令を与えて捕虜、住民を保護する方針を打ち出している。捕虜の取り調べは、大尉以上に対しては堀内が直接当たり、丁重に対応した。

大隊付として終始堀内と行動をともにしていた坂田喜作によれば、捕虜のオランダ人将校たちは、堀内が借り受けた司令部近くの民家に個別に部屋を当てがわれ、食事なども優遇されていたという。堀内は、オランダ人将校たちの食事やお茶の時間に賓客となって、ときおり同じテーブルに着いて歓談した。また、彼らに風呂に入る便宜もはかった。殺伐に陥りやすい戦場心理に、彼は流されることはなかった〉（上原光晴著『落下傘隊長　堀内海軍大佐の生涯』光和堂）

日本軍は強かっただけでなく、どこの国の軍隊よりも紳士的であった。こうした堀内大佐の処遇はオランダ軍将兵を驚かせ、日本軍人に対する畏敬の念を抱かせたことはいうまでもない。そしてこのような見事な順法精神と武士道を目の当たりにし、オランダ兵はそこに日本軍の精強さを思い知ったことだろう。堀内大佐が捕虜となった650人ものインドネシア兵を周囲の反対を押し切って全員釈放し帰郷させたことは、おそらく世界軍事史上初めてのことではないだろうか。

かつて筆者もインタヴューした元海軍士官の杉田勘三氏は、こんなエピソードを明かしている。

〈昭和五十四年（一九七九）七月、現地の落下傘記念碑の前で慰霊祭が営まれた。大勢集まった人たちのなかには、旧蘭印軍に所属していたインドネシア兵士も多数いた。杉田が彼らの一人からの話をようやくしてくれたところによると、

「われわれは堀内部隊に降伏して幸せだった。キャプテンは非常に心の広い人で、われわれインドネシア人には、おとがめなしだった。塩ひと袋をお土産に、『いつまでもオランダの

尻に敷かれていないで、自分たちの力で自分の国を作るように』と諭されて、即日帰郷させてくれた。このことは、まだ他の地域で戦っていた蘭印軍インドネシア兵士たちにもすぐ伝わり、降伏するならランゴアンに逃げてきて、堀内部隊に入れてもらおうということになった。私もその一人です」とのことだった〉（前掲書）

まるでイソップ童話の『北風と太陽』のごときである。

これまた世界のいかなる国の軍隊もやったことのない武士道的〝戦術〟で、敵戦力を次々と弱体化させていったのだからお見事としか言いようがない。かつて日露戦争のとき、乃木希典（まれすけ）大将はロシア兵捕虜を手厚く処遇した話がロシア軍の中に広がり、日本軍への降伏を即決するロシア兵を増加させたというエピソードがあるが、捕虜を即日解放して何事もなかったように郷里に帰すことなど誰が想像できようか。堀内大佐の評判はたちまち人々の間に広がり、これまでのオランダの過酷な植民地支配に苦しんできたインドネシア人は、日本が〝アジア解放〟という大義のために戦っていることを確信し、日本軍を〝解放軍〟として歓迎したのである。

その尖兵となったのが陸海軍落下傘部隊だった。インドネシアの戦いにおける日本軍の強さの秘訣は、〝ジョヨボヨの予言〟という地元に伝わる神話と、アジア解放という信念に燃えた日本軍将兵の武士道精神にあった――。

名将・山口多聞と「ミッドウェー海戦」

真　珠湾攻撃時に討ち漏らした米空母をおびき出すために、日本海軍は戦力を結集。米艦隊に対し乾坤一擲の決戦を挑んだ。しかし、日本軍の行動を事前に察知していた米軍は手ぐすねを引いて待ち受けていた——。

孤軍奮闘した空母「飛龍」と山口多聞提督

〝弔い合戦〟を完遂した空母「飛龍」

真珠湾攻撃、マレー沖海戦、セイロン沖海戦、蘭印沖海戦と開戦劈頭から日本海軍は大勝利を収め続けた。しかし、ハワイで米空母を撃ち漏らしたことが気がかりだった。この撃ち漏らした米空母をおびき寄せるために企図された作戦が「ミッドウェー作戦」である。

米太平洋艦隊の本拠地ハワイに近いミッドウェー島が攻撃されれば、間違いなく米空母部隊が出てくる——こうして日本海軍始まって以来空前の大艦隊がミッドウェー島を目指して進撃した。主力は、空母4隻を中心とする第1航空艦隊である。一方、暗号解読によって日本艦隊の動きをあらかじめ察知していた米軍は、空母3隻からなる第16・第17機動部隊をもって日本艦隊を待ち構えていた。

【第1航空艦隊】（南雲忠一中将）

戦艦「比叡」「霧島」、空母「赤城」「加賀」「蒼龍」「飛龍」、重巡洋艦「利根」「筑摩」、軽

■「ミッドウェー海戦」概要図

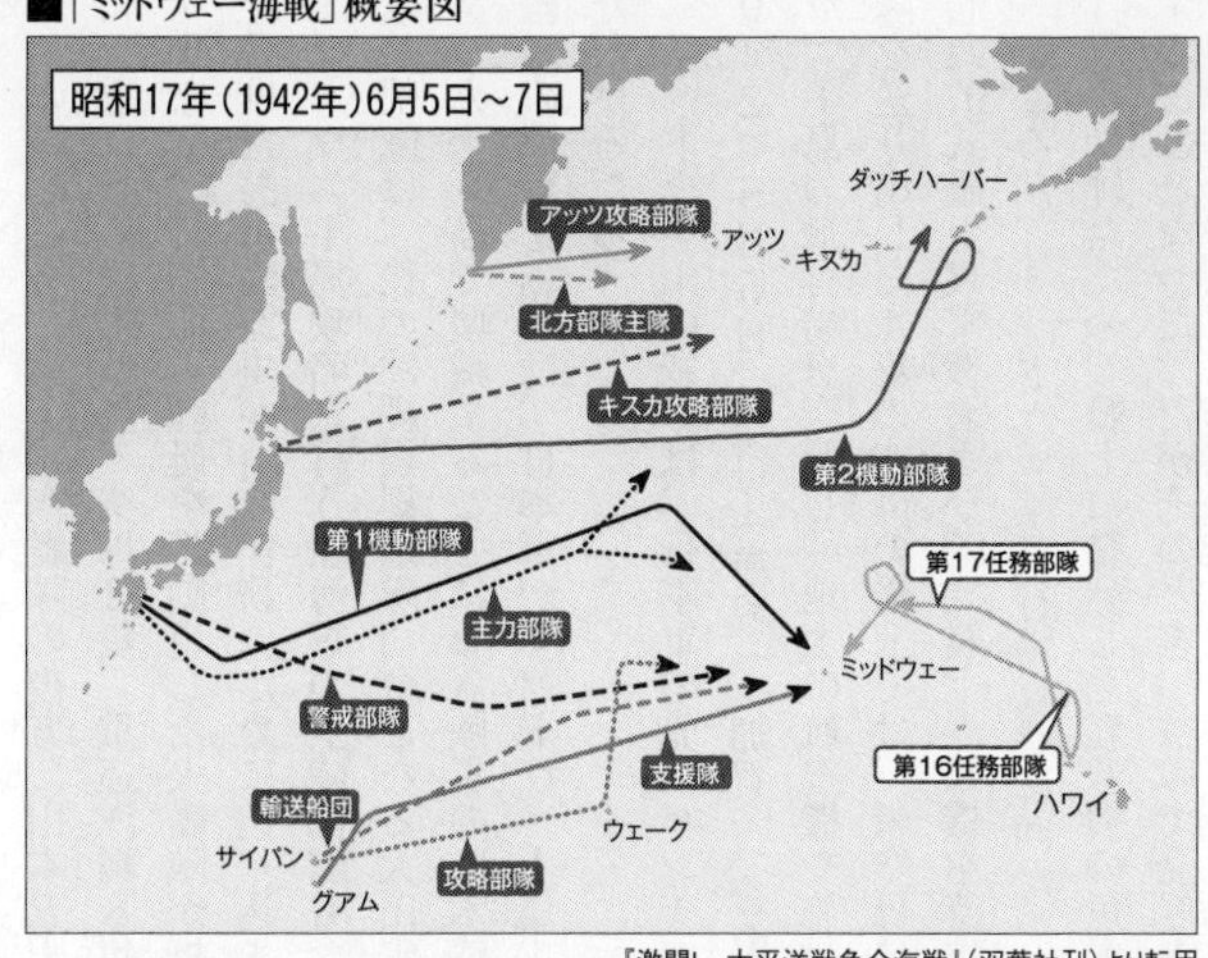

『激闘！　太平洋戦争全海戦』(双葉社刊)より転用

巡洋艦「長良」、駆逐艦　第4・11・17駆逐隊合計12隻

【米第16機動部隊】(レイモンド・スプールアンス少将)

空母「エンタープライズ」「ホーネット」、重巡洋艦「ミネアポリス」「ニューオリンズ」「ノーザンプトン」「ペンサコラ」「ヴィンセンス」、軽巡洋艦「アトランタ」、駆逐艦10隻

【米第17機動部隊】(フランク・フレッチャー少将)

空母「ヨークタウン」、重巡洋艦「アストリア」「ポートランド」、駆逐艦6隻

このほかにも、第1航空艦隊の後方に山本五十六連合艦隊司令長官が乗り込んだ戦艦「大和」をはじめ戦艦9隻、空母2隻、重巡洋艦8隻、軽巡洋艦5隻、駆逐艦39隻、水上機母艦4隻など、日本海軍艦艇を総動員した大艦隊が控えていた。さらに、潜水艦母艦5隻の支援を受けた潜水艦23隻が哨戒任務のために送り込まれていたのである。この大艦隊の中には、ミッドウェー島攻略を行う陸海軍の上陸部隊も含まれており、18隻の輸送船に分乗していた。攻略部隊は、後の沖縄根拠地隊司令となる大田実大佐率いる第2連合特別陸戦隊と、後にガダルカナル島で壊滅することになる陸軍の一木清直大佐率いる一木支隊であった。この連合艦隊の陣容をみれば、日本軍がミッドウェー島攻略にすべてをかけていたことがお分かりいただけるだろう。

ミッドウェーの戦いは、日本軍の先制パンチでその幕が切っておとされた。昭和17年（1942）6月5日、空母「赤城」「加賀」「蒼龍」「飛龍」から飛び立った艦載機がミッドウェー島の飛行場を空襲し、地上の航空機や施設に猛爆撃を加えたのだ。その一方で、攻撃隊を送り出した4隻の空母の艦上では、米空母に対する攻撃に備えて魚雷と徹甲爆弾を搭載した97式艦上攻撃機および99式艦上爆撃機を待機させていた。

ところが、ミッドウェー飛行場攻撃に向かった攻撃隊から、「第2次攻撃の要あり」との打電を受けたため、艦上に整列した艦載機の魚雷と対艦用徹甲爆弾を対地攻撃用爆弾へ換装することとなった。だがそのとき、故障で発艦が送れていた重巡「利根」の偵察機から「敵空母発見！」の打電が入る。これを受けて南雲中将は、ただちに敵空母部隊攻撃を命じ、再び艦載機に対し対艦攻撃用の魚雷と徹甲爆弾への積み替え作業が行われたのである。

その作業中に、日本艦隊を発見した米空母から飛来した雷撃隊が低空で突っ込んできたのだ。艦隊の上空警戒を行っていた零戦隊は、ただちに米雷撃隊に向かって突進、次々と雷撃機を撃ち落としていく。上空の零戦隊が敵雷撃隊に引き寄せられ、艦隊上空がすっぽりと空いてしまったそのとき、まさにそのときだった——。

「急降下！」

上空を見上げた見張員が叫んだ。米軍のSBDドーントレス急降下爆撃機が直上から降ってきたのである。直上から降り注ぐ急降下爆撃機の500キロ爆弾が「赤城」「加賀」「蒼龍」の飛行甲板に次々と命中、3隻の空母は大爆発を起こしたのである。飛行甲板上には燃料満載の艦載機と換装中の魚雷や爆弾があった。2度にわたる兵装転換作業による出撃の遅れがあだとなり、魚雷や爆弾が次々と誘爆を起こし、もはや手が付けられない状況になってしまったのである。

かつて空母「加賀」の97式艦上攻撃機の搭乗員で、このとき左足の腿に爆弾の破片を受けて深い傷を負った前田武氏が、私のインタヴュー時にズボンをまくり上げて傷跡を示しながら、「もうどうすることもできなかった…」と言葉少なに語ってくれたことを思い出す。黒煙を噴き上げる3隻の空母の惨状は、将兵の戦意を著しく低下させた。空母「蒼龍」の戦闘機隊で零戦搭乗員だった原田要氏（当時一等飛行兵曹）は、報道写真家の神立尚紀氏にこう語っている。

〈三隻もやられるのを見ると、それはがっかりしますよ。戦意が急にしぼんでいくのを感じました。上空を見上げると、敵の急降下爆撃機が次々と攻撃態勢に入ってきます。あわてて機首をそちらに向けて、高度を取ろうとするけど、とてもじゃないが間に合わない。撃ってはみたけど、距離が遠くて当たらない。急降下してくる敵機とすれ違ったぐらいに終わってしまいました〉（神立尚紀著『戦士の肖像』文春ネスコ）

「赤城」「加賀」「蒼龍」が火炎に包まれる中、「飛龍」だけが健在だった。この「飛龍」の艦橋にあった第2航空戦隊司令官の山口多聞少将は、たった1隻で3隻の敵空母に対して仇討を決意したのである。山口少将は、第1次攻撃隊指揮官・小林道雄大尉に対して次のように訓示した。

〈味方の損害状況は見る通りである。皆とともに残念に堪えぬ。味方母艦の残りは飛龍のみ。飛龍は何としても敵機動部隊を徹底的にやっつけ仇を討たねばならぬ。攻撃隊はご苦労だが体当たりでやって来い。司令官も後から行くぞ〉

99式艦上爆撃機に乗り込んだ小林大尉は、99式艦爆18機と零戦6機を率い、怨敵必滅の信念に燃えて発艦した。まさにそれは、3隻の空母の〝弔い合戦〟であった。

小林大尉は米空母「ヨークタウン」を発見すると、ただちに攻撃を開始した。だが、日本軍機の来襲に備えて直掩に上がっていた米戦闘機F4Fワイルドキャットによって、零戦3機と99式艦爆10機が撃墜される。それでも飛龍攻撃隊は決死の攻撃で「ヨークタウン」の飛行甲板に執念の爆弾3発を命中させて航行不能に陥れる。小林大尉はこの攻撃で壮烈な戦死を遂げている。

続いて「飛龍」から、魚雷を抱いた97式艦上攻撃機10機と零戦6機からなる第2次攻撃隊が敵空母目指して出撃した。山口少将は、第2次攻撃隊指揮官・友永丈市大尉に対しても、「…全機激突の決意をもって、必ず敵空母をやっつけて来い。司令官も後から行くぞ」と告げていた。実は友永機は、ミッドウェー島攻撃時に燃料タンクを被弾して穴が開いていた。だが友永大尉は、生きて再び帰還することよりも敵空母撃滅を選び、片側タンクの燃料だけで飛び立っていったのである。なんという使命感であろう。

友永丈市大尉

この出撃時の様子を実松譲氏は「提督山口多聞　痛恨のミッドウェー沖に消ゆ」(『丸エキストラ版80』潮書房)で次のように描いている。

〈たしかに、燃料が片道分しかないことは、だれの目にも明らかであった。出発準備ができた。友永は橋本と戦闘機隊指揮所の森茂大尉とともに、山口司令官と加来艦長にあいさつした。

「ただいまから出発いたします」

山口と加来は、こもごもはげましその成功を祈った。

山口は、友永の手をシッカと握りしめ、言葉すくなに最後の別れを告げた。

「ミッドウェー攻撃につづいて、ほんとうにご苦労だ。おれも、あとから行くぞ…」

副長の鹿江隆中佐は、この情景を艦橋からジッとみつめていた。午前九時四十五分、尾部を黄色に塗り、赤三線の識別をつけた友永指揮官機を先頭に、雷撃隊一〇機は六機の戦闘機にまもられて「飛龍」の飛行甲板から飛び立つのを、感激の涙をこめ黙然として手をふった。

〃おれもあとから行く〃という言葉から察するに、部下を死地に投ずる山口司令官の胸中には、すでに覚悟がひめられているように思われた。

毅然として部下を死地に投ずる山口司令官、従容として命をうけて死地に向かう諸勇士。

「飛龍」艦上の人びとは、戦いのきびしさを目のあたりにして言う言葉もなかった〉

祖国への忠誠心はもとより、任務完遂のためにその命を惜しまぬ決意と覚悟、そして指揮官としての決断とそれに対する責任感、日本軍人は、そのいずれもが他のいかなる国の軍人よりも優れていた。これが日本海軍の強さであった。出撃していった友永隊が攻撃したのは、第1次攻撃で航行不能になった「ヨークタウン」であった。

このとき友永隊として雷撃を行った中尾春水一飛曹は、敵戦闘機の攻撃を振り切って「ヨークタウン」に突進したときの凄まじい様子をこう述べている。

〈グラマンを振り切った時には、もう、全艦隊の砲火が、私の飛行機の一点に集中してくるような気がしました。敵の機銃弾が、スコールのように海面に水しぶきを上げる。その下をかいくぐって海面すれすれを、敵空母の左舷に向かって肉迫しました〉（『戦士の肖像』）

中尾兵曹は、距離300メートルの距離で魚雷を発射し、そのまま「ヨークタウン」の真上を飛び越していったという。友永隊は「ヨークタウン」に肉迫攻撃を仕掛け2本の魚雷を命中させ、ついに総員退艦が発せられたのだった。この攻撃で被弾した友永大尉機は、そのまま「ヨークタウン」の艦橋に突入し、3名の搭乗員は壮烈なる戦死を遂げたという。3発目の命中弾は、この〝執念の肉弾攻撃〟だったのである。空母4隻を失って大敗を喫したことばかりが伝えられてきたミッドウェー海戦。だが3隻の空母が被弾した後も唯一健在だった「飛龍」の攻撃隊は、勇猛果敢に反撃して「ヨークタウン」を見事に討ち取ったのだった。このような〝仇討〟は、他国にその類例をみない。まさに日本海軍が海の戦場に咲かせた武士道であり、その戦いぶりは日本人の胸を打つものがある。

大破し航行不能に陥った「ヨークタウン」を沈めたのは「伊168」潜水艦だった。「伊168」が放った2本の魚雷が「ヨークタウン」の左舷に命中し同艦は轟沈したのである。この「伊168」の攻撃は、まさしく〝介錯〟のような攻撃だった。だが戦果はそれだけではなかった。この魚雷攻撃で「ヨークタウン」に横付けしていた駆逐艦「ハンマン」にも1本の魚雷が命中して同時に撃沈したのである。「伊168」は、一挙に2隻を葬ったのだ。繰り返すが、このような圧倒的劣勢に陥りながらも、決死の覚悟で仇討を挑み、一矢を報いたという海戦はおそらく後にも先にもこのミッドウェー海戦だけだろう。

名将・山口多聞

だが、孤軍奮闘する「飛龍」にも最期のときがやってきた。またしても敵急降下爆撃機が襲いかかってきたのである。無念、ついに「飛龍」は敵機の攻撃に力尽きて、復旧作業むなしく総員退艦が令せられた。だが第2航空艦隊司令の立場にあった山口少将は、「飛龍」艦長・加来止男大佐とともに艦橋に残り、味方の駆逐艦の放った魚雷によってミッドウェーの海に散華したのであった。

山口少将は、「司令官も後から行くぞ」という部下との約束通りあとを追った。指揮官は部下だけを死なせなかったのである。その采配もさることながら、その最期も武人として実に立派であった。

かつて山口少将が戦艦「伊勢」の艦長であったときも、部下から「この艦長だったら一緒に死んでもよい」と慕われていたという。彼の「伊勢」着任最初の訓示は、「人の和と闘志旺盛」であった。

　そんな山口少将は、中学で成績優秀だったにもかかわらず、一度は海軍兵学校不合格という挫折を味わっている。原因は「目」の検査であった。しかし彼は、決してめげることなくその翌年も再び海軍兵学校を目指して猛勉強に励むのだった。その旺盛な闘志は、兄・山口張雄氏に宛てた明治42年（1909）4月4日の葉書から読み取れる。
「（海軍兵学校が）だめなら一高（筆者注＝現東京大学）を受けます。僕は海軍にどうしても入れられぬ時は外交官になるつもりなんです。未来の東郷になる。それでなければビスマルクになるつもりです」
　実にスケールの大きな夢だが、こうした生い立ちからも、軍人として、指揮官としてピンと背筋の伸びた山口多聞像が浮かんでくる。

【山口多聞提督のこと】

「…私の好きでたまらない華奢な人は、どうぞ淋しくても元気で丈夫で待って居てください。その代わり今度帰宅したらその細い腰がチギレル程、抱き潰して上げますから、折れないようにウント元気をつけて置きなさい。では又。貴方のことばかり考えて居る　多聞より
　私の恋しい　孝子さんへ」
　この差出人の「多聞」とは誰あろう、かのミッドウェー海戦で空母「飛龍」と運命を共にした第2航空艦隊司令・山口多聞少将（戦死後、中将に昇進）である。日本海軍きっての智

将と言われ、当時の連合艦隊司令長官であった山本五十六大将が、いずれそのポストに就けたいと考えていたという帝国海軍きっての名将である。将来を嘱望された名将・山口多聞提督が、孝子夫人にこのような手紙を書き送っていたというのは正直言って驚きであり、何か照れくさいような戸惑いすら覚える。この手紙は、巡洋艦「五十鈴」の艦長時代の昭和12年（1937）9月3日に書き記されたものだが、山口多聞提督の妻への手紙は実に250通を数え、その結びは常に夫人への甘い言葉で締めくくられている。

大東亜戦争開戦後も同様で、運命のミッドウェー海戦直前の昭和17年5月13日の手紙の最後もこう結ばれている。

「…貴女のように万年令嬢で何時までも姿も心も清く正しく美しい人と一緒に、何時までも若さを失わないで暮らしましょう。では、呉々も御身大切に。貴女の事ばかり考えて居る多聞より

私の一番大切な人　孝子様へ」

私は、時間をかけて山口多聞提督の自筆の手紙を一通づつ丁寧に読ませていただく機会に恵まれたが、常に最後の言葉が気になって仕方なかった。提督の手紙の最後には、「あなたの多聞より　私の好きな好きな孝子様へ」とか「貴方の貴方の多聞より　私のいとしいいとしい孝子さんへ」といった激しい愛情表現が惜しげもなく使われていたからだ。

ところが、検閲を受けている手紙にはこうした甘い表現がどこにも見当たらない。むろん

時局を鑑みればそうならざるを得ないのだが、手紙は、簡潔な言葉で親族の健康や家族を気遣う言葉に終始している。これらの手紙は、平成10年（1988）6月1日に孝子夫人が92歳で他界された後、遺品の整理中に三男の山口宗敏氏によって発見されたものである。山口宗敏氏はこう語る。

「正直言って驚きました。ご覧いただければお分かりのように、とても今の若者でも使わないような甘い言葉が綴られています。それらは、当時私の記憶にある厳格な父のイメージとは大きく異なるために、最初目にしたときはずいぶん戸惑いました。一方、留守を守った母からの手紙はすべて父と一緒にミッドウェーに没したので一通も手元には残っておりません……」

ご子息ですら驚いたのだから、筆者が驚いたのも推して知るべしである。

「実は、山口孝子は私の実の母ではないんです。実の母は、敏子といいまして、末っ子の私を産んで2日後に亡くなりました。むろん私には母敏子の記憶はありませんが、ただ私の名前に忘れ形見として〝敏〟という文字がついており、それが私と母をつなぐ唯一の記憶なんです。生まれたばかりの私を含めて5人の幼子を残して母敏子が亡くなったとき、父は途方に暮れて、くる日も来る日も神楽坂で飲んだそうです。そんな姿を案じたある人が母孝子を再婚相手に薦めたんです。そのある人とは、のちの連合艦隊司令長官・山本五十六提督だったんです。ところが再婚して間もなく父はワシントン勤務となり、その後も軍艦勤務が続いたために、たまに家に帰っては来れたものの、母孝子とは手紙だけが唯一の音信だったのです」

愛妻を失った山口提督の心中がしのばれる。

「やはり父は、まだ幼い5人の前妻の子供を継母に預けていたことが気がかりで仕方なかったのでしょうね。事実、手紙の中には子供たちの様子を窺う言葉が必ずどこかにあります。むろん、賢く綺麗だった母孝子への愛情と、なかなか会えないもどかしさもあったでしょう。しかし何より、結婚するや突然5人の幼子の母親となったうえに、亭主とは離れ離れに暮らすことになって苦労を一身に背負った母孝子に対する労わりと、『子供たちを宜しくお願いします』という気持ちから、あのような甘い言葉が生まれてきたんじゃないでしょうか。昭和17年6月5日、沈みゆく『飛龍』艦橋に加来艦長と共にあった父は最期まで家族のことが気がかりだったに違いありません。にもかかわらず、国のために立派に戦って散っていった部下のあとを追って、従容として死に就いた父を私は誇りに思っています。それに父は甘い言葉がちりばめられていたであろう母の手紙と一緒でしょうから、きっと淋しくはないでしょう」

山口宗敏氏は、加来艦長のご子息と連れ立って父親達に会うために頻繁に靖国神社を参拝しているのだという。名将・山口多聞が愛したものは、国という家族であり、海軍という家族であり、そして血を分けた家族であった――。

最強の戦友だった「高砂義勇隊」

終戦までに軍務に従事した台湾人は約8万人、軍属として徴用された者を入れると、約21万人が日本軍として戦った。うち、6千人は台湾の先住民である高砂族だった。南方戦線に投入され大活躍した彼らは勇猛かつ模範的な兵士であったという。南方で戦った日本兵の多くは高砂族の兵士を頼り、深い信頼関係が生まれた。

高砂族の日本兵。その手には「蕃刀」が握られている

密林の戦闘で大活躍した高砂義勇隊

日本軍は強かった。だが、そこに緒戦の快進撃を支えた台湾人志願兵の存在があったことを忘れてはならない。熊本県護國神社の境内には台湾軍の慰霊碑が建立されており、こう記されている。

〈我が台湾軍は　北白川宮能久親王を奉戴して台湾に進駐以来　全島の治安警備と南方第一線の重鎮として国防の任に当てきた。（中略）昭和十五年十一月　機械化部隊として陣容を整え　第四十八師団を編成し　大東亜戦争に突入するや間髪を入れずフィリッピンに進撃して首都マニラを制圧　息つく間もなくジャワ島スラバヤをこれ亦旬日にして一掃平定し　敵前上陸の台湾軍として勇名を轟かせた　その後濠北小スンダの諸島に進駐し　新鋭有力なる台湾志願兵を加えて戡定の任に就いた　しかし　戦局我に利あらず昭和二十年八月十五日の詔勅を拝するに至ったのである〉

石碑に記された開戦劈頭の蘭印攻略戦で忘れてはならないのが、「台湾軍」の存在なのだ。

ジャワ島中部のクラガンに上陸した陸軍第48師団（土橋勇逸中将）は台湾軍の隷下部隊であり、台湾歩兵第1連隊および台湾歩兵第2連隊などが所属していた。それゆえに台湾出身者が多かった。

この第48師団は、開戦劈頭には第14軍の隷下部隊としてフィリピン攻略戦に参加した後、第16軍隷下部隊となって蘭印攻略戦で大活躍した。そしてジャワ島中部・東部の制圧という最も広い地域の制圧を担当し、先のスラバヤを占領したのもこの部隊であった。そしてこの碑文にある「新鋭有力なる台湾志願兵」とあるが、事実、台湾人志願兵の士気は高く忠誠心はすこぶる強かった。

昭和17年（１９４２）に陸軍特別志願兵制度が施行されるや、最終採用者１０２０名に対し、台湾の原住民「高砂族」の青年を含む40万人もの台湾人青年が応募し、その競争率は約４００倍となった。翌年の応募状況はこれを上回る６００倍の競争率を記録し、応募者の中には自らの血で入隊の気持ちを綴る血書嘆願者も多かった。インドネシアのチモール島で戦った鄭春河（ていしゅんが）氏もそんな血書嘆願して入隊した台湾人志願兵の一人だった。かつて私がインタヴューしたときも、鄭氏は大東亜戦争の正当性とかつての祖国・日本への思いを滔々と訴え続けた。その著書『台湾人元志願兵と大東亜戦争』（展転社）にもそんな終戦時の思いが綴られている。

〈戦に負けたからにはいかなる応報があらうとも、祖国と運命を共に、最後まで日本人でありたかった〉〈私は生を日本に享けて僅か二十六年間の日本人なれど、あくまで祖国日本を愛します。特に自虐的罪悪感をもつ同胞に先づその反省を促したい。願はくは、一時も早く目覚めて大義名分を明らかにし、民族の誇りにかけて速やかに戦前の日本人―真の日本国民に戻つて下さい。そして、民族の発展と世界永遠の平和確立に貢献して下さい〉

　鄭氏は〝2つの祖国〟を愛し続けた。

〈『義は台湾人、情は日本人』で今日まで生かされたのを限りなく感謝してゐる。二つの祖国に対しては『倒れてなほ止まぬ』天涯から地の底からでも常に祖国の弥栄をお祈りしてゐる〉

　インドネシア解放の戦いにその青春を捧げ、そして2005年にこの世を去った元日本兵・鄭春河氏はその言葉通り、黄泉の国よりかつての祖国・日本の弥栄を祈ってくれているだろう。

　『台湾人と日本精神（リップンチェンシン）』（小学館）の著書で、文豪・司馬遼太郎氏から〝老台北（ラオタイペイ）〟と呼ばれた蔡焜燦（さいこんさん）氏は、昭和20年（1945）になって岐阜陸軍航空整備学校奈良教育隊に志願入隊するが、入隊前に同級生にその動機を聞かれこう答えている。

「俺は日本という国が好きだ。天皇陛下が好きだから、俺、立派に戦ってくる！」

　そして待ちに待った出征の日には「お国のためだ、鬼畜英米をこの俺が退治してくれよう」という闘志を胸に台湾を後にしたという。現在も体調の許す限り、日本からやってくる著名人や大学教授らと意見を交わし、夜は、日本全国からやってくる日台交流団体に特上の台湾料理を振舞って懇談する日々を送っている。そのとき彼らにこう訴えかけるという。

「日本という国は、あなた方現代の日本人だけのものではありません。我々のような〝元日本人〟のものでもあるのです。日本人よ胸を張りなさい！　そして自分の国を愛しなさい！」

蔡焜燦氏は、自虐史観に取り付かれた現代の日本人に、かつての自信と誇りを取り戻してもらいたいと願ってエールを送り続けている。蔡氏ら台湾人志願兵の中でも「高砂義勇隊」なる原住民志願兵の活躍は際立っていた。当時「高砂族」と呼ばれたマレー・ポリネシアン系の言語を話す台湾原住民（アミ族、タイヤル族、パイワン族など少数部族の総称）の兵士らは、フィリピン、ボルネオ、インドネシア、ニューギニアなどの南方戦線で大活躍している。彼らはジャングル内での行動やサバイバル術に長けており、彼らの使うマレー・ポリネシアン系言語は、東南アジア各地で通じたことから一種の通訳も担う頼もしい存在だったのである。

高砂義勇隊の兵士達は、先祖伝来の「蕃刀（ばんとう）」を持って、ジャングルを切り拓き、台湾山地の密林で培われた鋭い感性をもってジャングルで日本軍の先頭に立った。そしていざ会敵すれば、日本軍兵士に優るとも劣らぬ勇敢さで敵に敢然と向かっていったのである。こうした高砂族の人々の民族性について、司馬遼太郎氏は、「非科学的な空想」としながらも、次のように分析している。

〈〝高砂族〟と日本時代によばれてきた台湾山地人の美質は、黒潮が洗っている鹿児島県（薩摩藩）や高知県（土佐藩）の明治までの美質に似ているのではないか。この黒潮の気質というべきものは、男は男らしく、戦に臨んでは剽悍で、生死に淡泊である、ということである〉（『街道をゆく40　台湾紀行』朝日新聞社）

当時の高砂族の総人口である15万人中、実に6千名が志願して大東亜戦争に参加。そしてその約半数が散華した。大東亜戦争開戦劈頭のフィリピン・バターン攻略戦も、それに引きつづくコレヒドール攻略戦も、高砂族の働きがその勝利に大きく貢献し、日本軍将兵は皆一様に「彼らがいたからこそ」という深い感銘を受けたという。

開戦劈頭のみならず、戦況悪化の一途を辿る昭和19年（1944）以降も高砂族の戦士達は南方の激戦地で勇敢に戦い、その武勇を馳せた。連合軍と死闘が繰り広げられたニューギニア戦線・ブナの戦闘でも高砂義勇隊の活躍は目を見張るものがあり、この地で散華した陸軍大佐・山本重省は、高砂義勇隊の忠誠と勇気を称えた遺書を残したほどである。ニューギニア戦線で高砂義勇隊500名とともに戦った第18軍参謀で元陸軍少佐の堀江正夫氏はこう回想する。

「高砂義勇隊の兵士らは、素直で純真、そして責任感がありました。ジャングルでは方向感覚に優れ、音を聞き分ける能力もあり、そして何より夜目が利くんです。だから潜入攻撃なんかはずば抜けていましたよ。そのほか食糧調達にも抜群の才覚がありましたね。とにかく彼らの飢えに耐えながらの武勲を忘れることはできません」

このように、ニューギニア戦線で戦った将兵の話には高砂義勇隊に対する感謝の言葉が溢れている。ジャングルで生きる智恵を高砂の兵士に学び、食糧調達から戦闘行動まで、高砂義勇隊なしでは何もできなかったというのだからその活躍の程がうかがえる。マラリアや飢えで体力がなくなった日本兵を支え、物資輸送を一手に引き受けた高砂義勇兵は、まさに生命の恩人だった。「この部隊には高砂義勇隊がいる」というだけで安心でき、日本兵はおおいに勇気付けられたという。

当時、世界最強と言われた日本軍人をしてそう言わしめるのだから、高砂義勇隊の精強さがお分かりいただけよう。

「私が死んだら靖国神社に入れますか？」

かつて私は、蘭印攻略戦に参加してボルネオ島のバリクパパンで戦った高砂義勇隊の兵士を取材したことがある。その兵士の名はアミ族の盧阿信（ろあしん）氏（日本名「武山吉治」）。彼は、日本陸軍に志願入隊して蘭印領ジャワ島およびボルネオ島、そしてフィリピンの各戦線で戦い抜いた英雄であった。大柄で上背のある盧氏は、蘭印領ボルネオで敵ゲリラと壮絶な白兵戦を演じている。

「あの時、相手の刀を素手で掴んで離さなかった。刃を直角に持てば切れないからね……。

すると敵は、馬乗りになった私が背負っていた日本刀を片方の手で抜こうとした。しかし、日本刀は長いからなかなか抜けない……あと五寸のところで抜けなかった。そして素手で掴んでいた相手の刀を奪い取ってやっつけたんですよ」

また蘭印ボルネオのサンガサンガから南に下ったドンダンでは、突然出くわしたオーストラリア兵に突如「誰だ！」と大声を浴びせて相手の動きを止める大胆な手法を用い、その大声に怯んだ敵兵を捕虜にするという手柄も立てている。盧阿信氏は言う。

「私たちは、日本軍と共にあの戦争を一生懸命戦い抜きました。残念ながら戦争には負けましたが、私たちはいまでも〝大和魂〟を持っているんですよ！」

高砂義勇隊の兵士の忠誠心と勇猛さは日本軍将兵に優るとも劣らなかった。

前出の蔡焜燦氏は言う。

「高砂の兵隊は、忠誠心が強かった。ジャングルの生活に慣れた彼らは食料調達もやったんだよね。彼らは日本の兵隊に食べさせるために必死で食料を探したんです。この食料調達の途中で高砂の兵隊が餓死したことがありました。それも両手に食料を抱えたままね……。高砂の兵隊はそれを食べれば死なずにすんだのに食べなかった。日本の戦友に食べさせるものだから自分は手を付けずに餓死を選んだんですよ……戦友愛……それは立派でした」

高砂義勇隊の兵士スニヨン、日本名「中村輝夫」一等兵の逸話もまた、彼ら高砂族の忠誠心を如実に物語っている。昭和18年（1943）、高砂義勇隊に志願したアミ族出身の「中村輝夫」ことスニヨンは、フィリピン戦線に赴き各地を転戦、終戦時にはインドネシアのモロタイ島で遊撃戦を遂行中であった。モロタイ島の奥地で戦闘行動中であったため、彼には終戦の報は届かず、結局、昭和49年（１９７４）まで実に32年間もモロタイ島のジャングルの中で任務を遂行し続けたのである。スニヨンの帰還は、グアム島、フィリピン・ルバング島からそれぞれ帰還した横井庄一伍長、小野田寛郎少尉よりも後だったことから〝最後の皇軍兵士〟と呼ばれた。彼が発見されたとき、小銃はよく手入れされており、救出され収容された後も日課として、宮城（皇居）遥拝と体操を毎日欠かさなかったというから感服する。

〝世界最強の戦士〟――それはいまから70年ほど前、大和魂をもって南方の島々で勇敢に戦った台湾先住民の兵士に冠せられる称号である。台北から南東へ30キロの烏山には「台湾高砂義勇隊英魂碑」がある。この記念碑は、タイヤル族の酋長であった故・周麗梅（しゅうれいばい）氏が大東亜戦争で戦没した高砂族の勇気を称え、御霊を鎮めるため１９９２年（平成４年）に建立した鎮魂碑である（周氏の実兄も南方戦線で戦死されている）。

記念碑の下には、本間雅晴中将による高砂義勇隊への鎮魂の遺詠が刻まれている。

かくありて許さるべきや　密林のかなたに消えし　戦友をおもえば

本間中将は台湾軍司令官を歴任した後、高砂義勇隊が活躍したバターン半島攻略戦などフィリピン作戦を指揮したため、高砂義勇隊とは縁の深い将軍であった。

「台湾高砂義勇隊英魂碑」には李登輝総統の揮毫「霊安故郷」（霊は故郷に安ずる）という

文字も刻まれている。李登輝総統も大東亜戦争に馳せ参じた元日本軍人として、高砂族の英霊にはひとかたならぬ思いがあるのだろう。また、李登輝総統の実兄・李登欽氏（日本名「岩里武則」）は、海軍機関上等兵としてフィリピンで戦死されており、台湾人戦没者2万7千余柱と共に九段の靖国神社に祀られていることも付記しておきたい。台湾人日本兵の靖國神社への思いは並大抵ではない。

当時、回天特攻隊員として訓練を受けた陳春栄氏（日本名「古田栄一」）は、生涯、日本海軍の軍装のまま過ごした元帝国海軍軍人だった。かつて私がインタヴューしたとき、持参してきた『軍艦マーチ』のカセット・テープをかけながら力強くこう言った。

「なぁ〜に、回天が10隻もあれば、アメリカの空母もやって見せますよ。ド真中に4隻、前部に3隻、後部に3隻が突入する。そしたらあんた、一発だよ！」

かつて人間魚雷「回天」の特攻隊員として訓練を受けた陳さんの心身には、今も不屈の大和魂が漲っていた。なるほど陳さんの自宅には、今でも海軍の正装を身に着けた自身の絵画と大きな旭日旗が掲げられている。栄光の海軍時代を激しく語った陳さんは、突如思いつめたような表情に豹変し、ゆっくりとそして静かにこう言った。

「私ね、ただひとつだけ……靖国神社に入ることができなかったこと、それが残念でなりません。今からでも……私が死んだら靖国神社に入れますか？」

その靖国神社の神門は、実は台湾の阿里山の檜で作られている——。

数多くの撃墜王を生んだ「ラバウル航空隊」

ニューブリテン島（現在のパプアニューギニア）のラバウル基地に展開したラバウル航空隊は、東ニューギニア、ソロモン方面における作戦に大活躍した。連合軍は、腕利きのパイロットが多く所在したラバウルの航空隊の本拠を終戦まで占領できなかった。

つわもの揃いだったラバウル航空隊

過酷な空戦を戦い抜いた本田稔兵曹

ラバウル航空隊の死闘

大東亜戦争における日米航空戦の象徴ともいえる「ラバウル」——。その地名は誰もが一度は耳にしたことがあるだろう。ラバウルは、現在のパプア・ニューギニアを構成するニューブリテン島の北端ガゼル半島の東に位置する火山に取り囲まれた港町で、戦前はオーストラリアによって統治されていた。戦時中、同地はアメリカとオーストラリアの間に立ちはだかるソロモン諸島や連合軍の拠点の一つであったニューギニアのポートモレスビーに睨みをきかせる戦略上の要衝だった。

開戦翌月の昭和17年（1942）1月、日本海軍第1航空艦隊がラバウルを空襲して制圧し、ただちに水上機部隊が進駐したのが日本軍の同地への第一歩だった。そして旧式の96式艦上戦闘機18機がラバウルに進出した後、2月14日に第24航空戦隊司令部が進出して「ラバウル航空隊」が誕生した。しかし初の航空戦となる2月20日の米艦艇に対する攻撃では、17機の陸上攻撃機が出撃して15機を失う大損害を受けたのだった。その後、ラバウル基地には

■「ラバウル航空隊」作戦地域図

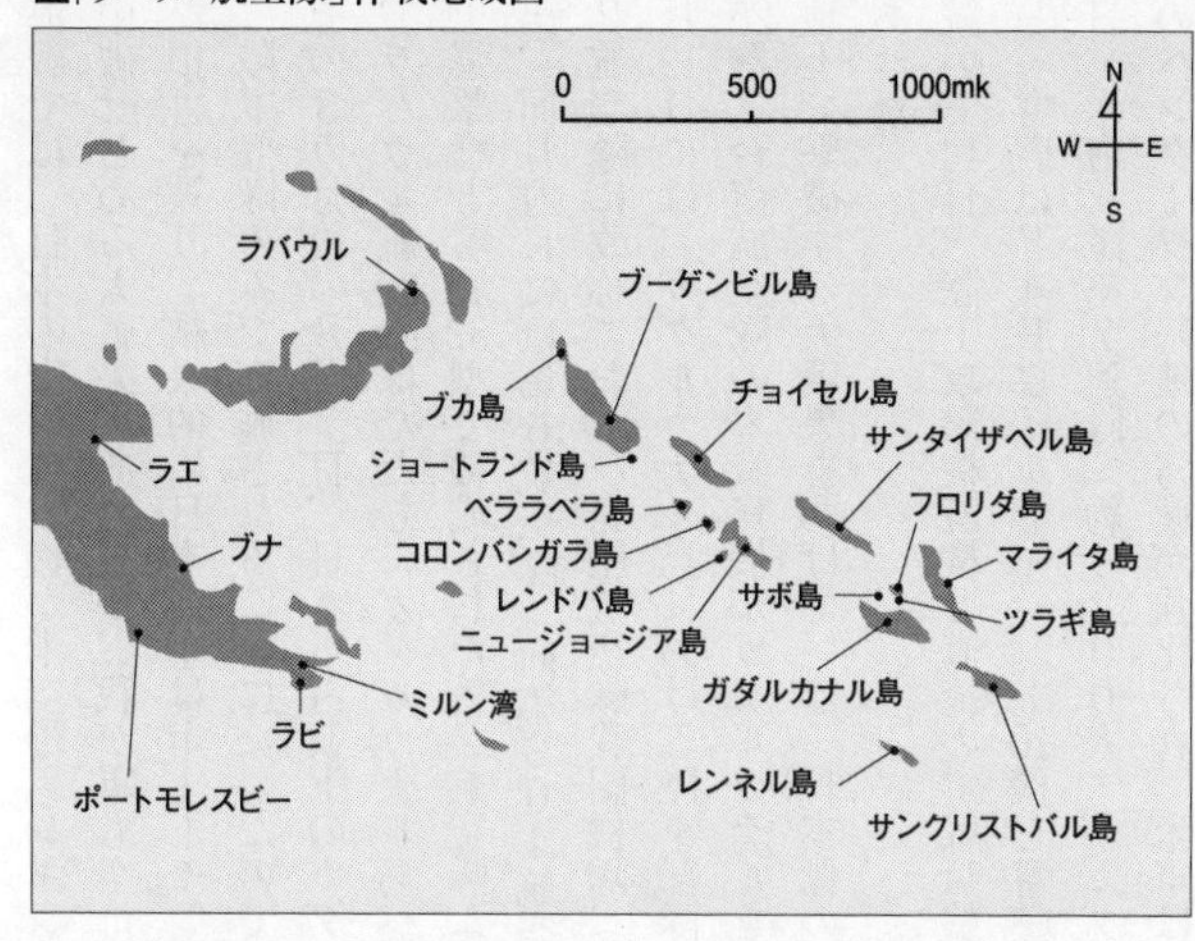

一式陸上攻撃機および96式陸上攻撃機で編成された第1中攻隊が進出してポートモレスビーへの攻撃を開始した。つまり、当初のラバウル航空隊は、陸上基地から発進する〝中攻〟と呼ばれた海軍の双発中型攻撃機が主要戦力だったのである。

昭和17年4月1日、第25航空戦隊が新たに編成され、これまでの第24航空戦隊に代わってラバウルに進出した。第25航空戦隊には歴戦の戦闘機パイロットを抱える台南航空隊（11月に第251航空隊に改称）をはじめ、中攻からなる第4航空隊、飛行艇の横浜航空隊が編入され、同方面の航空戦力は一層強化されてゆく。5月7日、史上初の空母同士の戦いとなった「珊瑚海海戦」には、ラバウル基地からも一式陸攻が投入されている。この海戦では、日本の空母艦載機が米空母「レキシントン」を撃沈し、空母「ヨークタウン」を中破せしめる大戦果をあげたが、我が軍も空母「祥鳳」沈没、空母「翔鶴」大破という大きな損害を被り、結果的に日本海軍はポートモレスビー攻略作戦を延期せざるを得なくなり、後に陸軍部隊のみで実施されることになったのである。

その3カ月後の8月7日、日本軍占領下のガダルカナル島へ米軍が上陸してきたことを受け、ラバウル航空隊はただちにガダルカナル島への攻撃を開始した。ちょうどこの日、99式艦上爆撃機と零戦32型で編成された第2航空隊（11月に582航空隊に改称）がラバウルに進出、同月21日には第6航空隊（同第204航空隊に改称）、9月には第3航空隊（同第202航空隊に改称）および鹿屋航空隊戦闘機隊（同第253航空隊に改称）がやって来た。9月12日には、ガダルカナル島における陸軍部隊の総攻撃に合わせて第2航空隊の陸上攻撃機25機と台南航空隊の零戦15機がガダルカナルを攻撃し、敵戦闘機を13機撃墜したほか20機を地上で撃破する大戦果をあげている。日本側の損害は、陸上攻撃機4機自爆、未帰還2機であった。

続いて14日、陸上攻撃機27機と直掩の零戦11機がガダルカナル島ヘンダーソン飛行場を爆撃し、零戦はF4Fワイルドキャット10機を撃墜する戦果をあげた。しかし、その4日後の18日、米海兵隊第7連隊（約4200人）がガダルカナル島に上陸してきたことで、米海兵隊のヘンダーソン基地の防備が強化され、米軍はF4Fワイルドキャット60機による迎撃態勢を整えた。以後、ガダルカナル島で米軍と死闘を繰り広げる陸軍部隊を援護すべく陸上攻撃機と戦闘機隊がガダルカナル島に連日攻撃を仕掛け、これを迎撃するために待ち受けたF4Fとの激しい空中戦が繰り広げられたのである。

同時にラバウル航空隊はニューギニア方面にも進出して、連合軍機と激しい空中戦闘が行われた。同年11月には、第202航空隊、第252航空隊が相次いでラバウルに進出するなどして、ラバウルは南太平洋における日本海軍航空隊の戦略拠点として一段とその重要度が高まっていったのである。

そんなラバウル航空隊で大活躍した撃墜王の一人が鹿屋航空隊（第253航空隊）の本田稔兵曹（大正12年＝1923年生まれ）だった。本田兵曹（終戦時＝少尉）は、帝国海軍の戦闘機パイロットとして6年間も操縦桿を握り続け、戦後も、航空自衛隊でジェット戦闘機のパイロットとして日本の空の守りを担いながらパイロットの教育を担任し、退官後も三菱重工業のテストパイロットとして22年間も飛び続けた名パイロットである。総飛行時間は9800時間に上る。

本田少尉の詳細については、拙著『最後のゼロファイター　本田稔・元海軍少尉「空戦の記録」』（双葉社）に譲るが、本田稔氏は、昭和14年（1939）に霞ヶ浦海軍航空隊に入隊後、昭和16年12月8日の開戦をもって台南の第22航空戦隊に配属され、ボルネオ、タイ、インドネシアを転戦して実戦経験を積んだ後、昭和17年9月にラバウルに着任した。

本田氏がラバウルに着任した翌日の夜、攻撃隊指揮官の中島少佐から訓示があった。
〈目的は、ガ島周辺に群がる敵艦船と飛行場の攻撃に向かう中攻隊の護衛である。片道4時間、距離1千キロ、空戦時間5～10分、帰路再び同じコースを帰り都合8時間15分、距離2千キロの飛行だ。飛んで行って帰ってくるだけでも相当な苦労である。おまけにこれまでに遭遇したことのない強力な敵戦闘機隊が待ち構えている。決して油断はならん。明日の出撃はすでに戦闘に参加した者が大部分であるから貴様たちは編隊を崩さぬようにガッチリついて来い〉（岡野充俊著『本田稔空戦記』光人社NF文庫）

翌朝4時、一式陸上攻撃機26機、これを護衛する零式艦上戦闘機21機がガダルカナル目指してラバウル基地を飛び立った。このガダルカナル攻撃に向った一式陸上攻撃機は、爆撃も雷撃もこなす7人乗りの海軍の主力攻撃機で、60キロ爆弾12発あるいは２５０キロ爆弾4発を搭載した状態で航続距離約２５００キロ（22型）を飛べたため、ラバウルからガダルカナルまでの1千キロの遠距離爆撃ミッションを十分こなすことができたのだった。前述したように、開戦劈頭の昭和16年12月10日には、マレー沖にて高速航行中のイギリス東洋艦隊の主力であった戦艦「プリンス・オブ・ウェールズ」および「レパルス」を撃沈する大戦果をあげており、その雷撃による魚雷の命中率は40・8％を記録しながら損害はわずかに3機だった。このことからも、一式陸上攻撃機の運動性が高かったことが証明されている。

ところが巷では、一式陸上攻撃機は防弾装備が脆弱で、被弾するとすぐに火を噴くことから〝ワンショット・ライター〟などと酷評されている。だが一式陸攻は、そうした初期の苦い経験から、その後は防弾タンクを装備するなど防弾性を大幅に改善しており、米軍機の攻撃に発火せずに逃げ切った例も報告されている。どうやら〝ワンショット・ライター〟というのは、一部の米軍パイロットによる初期の武勇伝が誇張され、戦後、同機への固定観念として定着したもののようだ。

その一式陸攻を護衛したのが零戦だった。7人乗りの一式陸攻とは異なり、狭いコクピットに座り続ける1人乗りの零戦パイロットの苦労はひとかたならないものがあった。本田稔氏は語る。

「とにかくラバウルからガダルカナルは遠かったです。片道4時間かかりましたからね。ですから敵機との空戦はせいぜい5分ぐらいにしないと帰りの燃料がなくなるんです。敵は、その途中の島々にウォッチャーを配置しており、我々の動きはすべて米軍に通報されていたんです。さらに敵は電探を持っていたので、上空で我々を待ち構えていました。

やはりこの長距離の洋上飛行では航法が心配でした。というのも、ガダルカナルで空戦をやってラバウルに帰るときはほとんどが単機ですからね……。だから行くときに目印となる島々や湾の形などを覚えておかねばならなかったんです」

本田兵曹がラバウルに着任した翌日の出撃では、ガダルカナル島の敵飛行場の上空に達するや、26機の一式陸上攻撃機が爆弾の雨を降らせ始めた。地上からは対空砲火が撃ち上げてくるが、本田兵曹らは一式陸攻の護衛を続けた。所定の目標に対する爆撃を成功させ帰途につこうとしたとき、本田兵曹の右手上空に何かが光ったという。米海軍のＦ４Ｆ戦闘機約30機だった。

敵機は2機でペアを組み、一式陸上攻撃機めがけて突進しながら機銃掃射して高速で退避する〝一撃離脱戦法〟による攻撃を繰り返したのである。だが護衛の零戦隊は、この敵機を次々と撃ち墜としていった。この日の零戦隊は、17機のＦ４Ｆを撃墜したが我が方も零戦４機を失った。

本田兵曹の乗機だった零式艦上戦闘機21型は、強力な破壊力をもつ20ミリ機関砲を両翼に１門ずつ合計2門と機首に７・７ミリ機銃2挺を搭載し、１０００馬力の栄エンジンを搭載してその最高速度は時速約５３０キロを誇った。そして驚くべきはその航続距離で、当時の戦闘機としては世界最長の約３３００キロを飛べた。この驚異的な長距離飛行性能によって、爆撃機を１０００キロ離れたガダルカナルまで護衛することができたのである。一方のグラマンＦ４Ｆワイルドキャットは、猛烈な弾幕を張れる12・７ミリ機銃を両翼に3挺ずつ搭載し、エンジンは零戦を上回る１２００馬力、最高速度は時速約５１５キロだったが、航続力は零戦の３分の１ほどの約１２００キロ程度であった。

Ｆ４Ｆワイルドキャットとの戦いを本田稔氏はこう述懐する。

「零戦とＦ４Ｆは戦い方が違うんです。敵は6挺の12・７ミリ機関銃を振り回して掛ってくるんです。そりゃ凄いですよ、その弾幕は。こちらは7・7ミリ機銃と20ミリ機関砲ですが、7・7ミリなんかまったく役に立たんのですよ。敵は防弾装甲を施していますから、7・7ミリ機銃弾が当たっても墜ちません。20ミリ機関砲で勝負するしかなかったんです。もちろん20ミリ機関砲弾は、1発当たればそれで撃墜できる威力がありましたが、最初の頃は、この20ミリ弾が一挺につき100発でしたから、空戦の時間も限られました。そこで確実に命中させるために、目いっぱい近づいて撃ちましたよ。だから空戦はもう、個人の技量がものを言ったんです。

零戦という戦闘機は、とにかく舵のききが素晴らしく良かった。だから〝横の戦闘〟（水平方向の空中戦）ならば零戦が勝ちます。もちろん相手に後ろにつかれないようにしなければいけないんですけど、こちらが敵機の後ろをとったときにはこちらの後方にも敵機がついているんです。こちらが撃ったときには自分の後ろについた敵機から撃たれるんですよ。だから、こちらが撃ってどう退避するかということが大切なんです」

インタヴュー時、本田氏は零戦のコクピットに収まっているかのように身振り手振りを交えながら再現してくれた。

「敵機と接近したら横の戦闘に入るか縦の戦闘に入るかで、その直後に勝負は決まります。敵機を追っているときは、必ず後方を見てから前方の敵機に20ミリ機関砲弾を1、2発撃って離脱しました。僕はいつもそうしていました。とにかく20ミリ機関砲を1発か2発撃っても墜ちなかったら、自機の後方についている敵機にやられますから、離脱しなければなりませんでしたね」

そんな両機だが本田氏の言葉にもあるように、零戦の運動性能はＦ４Ｆワイルドキャットよりもはるかに優れており、一騎打ちの空中戦いわゆる〝ドッグファイト〟では、零戦は優勢を保ち続けた。この頃の零戦は、防弾性能を除けば運動性・武装・航続距離のどれをとっても列国の戦闘機を凌駕しており、なによりパイロットの技量は世界ナンバーワンといっても過言ではなく、向かうところ敵なしの強さを誇っていた。米海軍Ｆ４Ｆワイルドキャットをはじめ、米陸軍のロッキードＰ38ライトニング、ベルＰ39エアコブラ、カーチスＰ40ウォーホークなど、米軍の繰り出してくる戦闘機に対して常に優勢な戦いを演じ、ラバウル航空隊は次々と戦果を重ねていったのである。

来る日も来る日もガダルカナルへの攻撃が実施され、本田兵曹は通い慣れた空の道を往復した。

「ガダルカナルに向かう往路は、緊張感がありましたが、空戦を終えてラバウルに帰る復路が危ないんです。緊張がほぐれて気が緩むと眠気がドッと出てくるんですよ。そうすると操縦しながら眠ってしまう。あるとき、一緒に飛んでいた僚機がフラフラし出して突然スーッと海面に向かって真っ逆さまに落ちていったんです。もうこうなると助けようがない。知らせようがないんですよ。ガダルカナルの戦いは、こうして優秀なパイロットが失われていきました。まさに疲労との戦いだったんですよ」

本田氏によれば、この睡魔との戦いこそが零戦パイロットに課せられたもう1つの戦いだったという。連続で8時間も操縦し続ければ体力の消耗は並大抵のものではない。現代のように自動操縦装置はなく、単純な水平飛行でも、操縦桿を握りしめラダーを操作し続けなければ真っ直ぐ飛ぶことすらできない。ガダルカナル攻撃ミッションには、相当の体力と忍耐力が求められたのだ。そのため、パイロット達は健康管理に細心の注意を払っていたという。本田兵曹もラバウル基地では、目に良いということでタマネギを食べていたそうで、日常のすべてを〝戦闘に勝つため〟に捧げていたといえる。そんなパイロットたちを襲ったのが、零戦有利の揺らぎだった。

「零戦が絶対優位に戦えたのは昭和18年2月頃まででした。2月以降は、敵機を墜としにくくなったんですよ。敵が戦法を変えたんです。敵機は運動性能に優れた零戦との巴戦を避けるようになり、高い高度から高速でダイブして攻撃をかけてそのまま下方に抜けてゆく、一撃離脱戦法を繰り返すようになったんです」（本田氏）

運動性能に劣るF4Fは、ドッグファイトを避けて、パワーを生かした一撃離脱戦法——つまり、撃って逃げるヒット・エンド・ラン戦法で対抗してきたのだった。F4Fワイルドキャットの重量3359㌔に対して零戦21型の重量は1750㌔と、およそ半分だったのである。零戦の格闘戦の強さに舌を巻いたアメリカ軍は、パイロットに対して3つの禁止事項を通達した。

①零戦と格闘戦をしてはならない。

②時速300マイル以下において、零戦と同じ運動をしてはならない。

③低速時には上昇中の零戦を追ってはならない。

敵もさるものである。両軍パイロットが技量と知恵をぶつけ合う当時、ラバウル航空隊が米軍機を相手に繰り広げていた空戦は世界最高水準の戦いであった。

敵機69機撃墜、損害はゼロ

昭和18年2月7日、日本軍はガダルカナルから撤退したが、ラバウル航空隊による同方面およびニューギニア方面の航空作戦は続いた。あまり知られていないことだが、陸軍部隊のガダルカナル撤退の前月には、ラバウルに陸軍航空隊が進出しており、一式戦闘機「隼」や三式戦闘機「飛燕」、そして二式複座戦闘機「屠龍」などが海軍航空隊と共に大活躍している。

3月3日、本田兵曹の率いる2個小隊(6機)を含む計12機の零戦がラバウル基地を飛び立った。この日の任務は、ニューギニアのラエに向かう陸軍部隊約7千名の将兵を乗せた味方輸送船8隻と護衛の駆逐艦8隻の直掩だった。だが日本軍の動きを事前に察知していた米軍は、B17爆撃機、B24爆撃機、B25爆撃機、A20攻撃機などの大型爆撃機と、護衛機としてP38戦闘機を加えた120機の大部隊を送り込んできたのである。本田兵曹らの12機は、この10倍の敵と戦わねばならなかった。敵大編隊を発見した本田兵曹は6千メートル上空から急降下して突撃を開始した。

「多勢に無勢でした。上空にはP38がいっぱいおったんですが、列機小隊長の高橋1飛曹にこの敵の直掩戦闘機隊を任せ、私は爆撃隊に掛っていったんです」

本田兵曹が襲いかかった爆撃隊の先頭にはA20攻撃機がいた。この攻撃機は3人乗りの双発機で、対空防御用も含め10門の12・7ミリ機銃を備え、機首に12・7ミリ機銃を集中配置して地上攻撃機として運用されていた。

「(A20の火力は)〝地獄の花火〟とでも表現しておきましょうか。機首に集められた機銃の威力は、他の敵機とは比べものにならないほど強力で、撃ち出される弾に隙間がないほど。とにかく凄まじい弾幕でしたね」

この戦闘で、本田兵曹も敵爆撃機を護衛するP38から銃撃を受け7・7ミリ機銃に直撃したほか、別のP38からの攻撃で片方の主脚が飛び出してしまったという。それでも本田兵曹は、燃料が尽きるまで我が輸送船団に対する攻撃を妨害し続け、そしてどうにかガスマタに不時着している。この〝ダンピールの悲劇〟と呼ばれるビスマルク海海戦では、我が方の駆逐艦

4隻と輸送船4隻が兵員約3千人と共に海に没したのだった。

そして昭和18年4月になると「い号作戦」が発動され、第2航空戦隊の空母「飛鷹」「隼鷹」の艦載機がラバウルに進出して航空作戦を展開した。4月18日、山本五十六連合艦隊司令長官は前線視察のため一式陸攻でラバウルの東飛行場を飛び立った。山本長官は1番機に、そして2番機には連合艦隊参謀長・宇垣纏中将が乗り込んで、護衛役の零戦6機を伴ってブーゲンビル島のブインを目指したのである。ブイン基地では、長官機の到着を待ちわびていた。そんなところに突如空襲警報が鳴り響いた。このときブイン基地に展開していた本田兵曹は、愛機に飛び乗って敵機迎撃のためにまっ先に離陸したという。ところが、本田兵曹が上空に上がったときには敵機の姿はすでになく、ジャングルから一条の黒煙が高く立ち上っていたという。その黒煙は、待ち構えていた16機のP38に撃墜された山本長官機のものであった。

その翌月のことだ。ある〝新型戦闘機〟が小園安名（こぞのやすな）中佐（当時）率いる第251航空隊とともにラバウルに再進出してきた。夜間戦闘機「月光」だった。この新型機は、夜間に飛来する米軍の大型爆撃機を下方と上方から狙い撃つ〝斜め射銃〟を搭載し、零戦と同じ栄21型エンジン（1130馬力）を2発積んだ双発戦闘機である。米軍の大型爆撃機の死角となる下方から忍び寄り、その位置から狙い撃つために上向き30度の角度をつけた20ミリ機銃2挺をコクピットの後ろに搭載し、同じく敵爆撃機の上方から撃ち下ろすために、下向き30度の角度をつけた20ミリ機銃2挺を胴体下部につけた変わり種機だったが、その効果は抜群だった。月光は5月21日深夜、夜間爆撃のためにラバウルに来襲した2機のB17爆撃機を迎撃、これを見事撃墜し、その後も夜間に来襲してくるB17爆撃機を次々と血祭りに上げていったのだった。月光の接近に気付かないうちに20ミリ機関砲弾を浴びた米軍爆撃機の乗員は、さぞや恐怖を感じたことであろう。翌月の6月30日、連合軍がニュージョージア諸島のレンドバ島に上陸してきたため、日本軍は7月、ラバウルの海軍航空隊の戦闘機部隊と陸軍の爆撃機部隊から成る陸海軍航空部隊による爆撃を実施した。7月からはラバウルの陸軍航空隊がニューギニア方面の航空作戦に本腰を入れるが、翌月にはニューギニアにある日本陸軍のウエワク基地が連合軍の奇襲攻撃を受けて100機もの航空機が地上で撃破されるなどして陸軍航空部隊は壊滅的な打撃を被ったのである。

9月に入ると連合軍の攻勢は一層激しさを増し、ついに日本海軍航空隊は前進基地であったニュージョージア島のムンダ基地を放棄し、さらに10月にはブーゲンビル島のブイン基地も手放さざるを得ない状況に追い込まれたのだった。その間、ニューギニアのラエおよびサラモアに対する連合軍の攻勢によって日本軍地上部隊は、赤道直下にありながら頂上付近は気温氷点下にもなる標高4100メートルのサラワケット山系を越えてキアリまで撤退するなど、ソロモン諸島およびニューギニア方面の戦線は、連合軍の攻勢によってどんどんと押し上げられていった。日本軍の劣勢はもはや誰の目にも明らかだった。

それでも要衝ラバウルは健在だった。昭和18年11月1日、「ろ号作戦」(ブーゲンビル島に来襲した敵艦隊および輸送船団に対する航空作戦)が発動され、第1航空戦隊の空母艦載機がラバウルに到着。こうしてブーゲンビル島沖では数次にわたる激しい航空戦が行われ、ラバウル航空隊は善戦したが、気が付けば前線はブーゲンビル島にまで押し上げられていたのである。連合軍によって占領されたブーゲンビル島のタロキナに敵の航空基地ができると、ラバウルに対する攻撃は激しさを増し、12月から昭和19年2月までおよそ2カ月にわたる「ラバウル航空戦」が始まった。

これまで米軍は、精強なラバウル航空隊を恐れ、直接手を出さずにラバウルを孤立させる「カートホイール作戦」で臨んできたが、ついに米軍を中心とする連合軍は、日本陸海軍航空部隊の本丸ラバウルの攻略に乗り出してきたのだ。12月15日には、連合軍がラバウルのあるニューブリテン島に上陸を開始。これに対して日本軍は、ラバウルの零戦部隊が果敢に反撃し、またニューギニアのウエワクからも陸軍航空隊が飛来して連合軍上陸部隊に猛然と攻撃を仕掛けた。そんな矢先の12月23日には、連合軍はさらにニューブリテン島のガスマタへ上陸するなどしてきたため、ラバウル航空隊は決死の覚悟でこれを追い払うべく懸命に戦った。さらに、昭和19年に入ると、大編隊を組んで連日、しかも数次にわたってラバウルを攻撃してきた。それでもラバウル航空隊は怯むことなく勇猛果敢に立ち向かい、次々と敵機を撃ち落としていったのだ。

熾烈な迎撃戦が続いた昭和19年1月17日のことだ。ラバウルを襲った米軍機120機をラバウル航空隊の約80機が迎え撃ち、なんと敵機69機を撃墜し損害はゼロという〝パーフェクト・ゲーム〟をやってのけたのである。この大戦果は、昭和19年1月という日本軍が劣勢に立たされた時期であっただけに、消沈していた日本国内がおおいに湧きたち、ラバウル航空隊は御嘉賞されている。実はこの日の空戦は、日本映画社製作の日本ニュース第194号『南海決戦場』にしっかりと映像で記録されている。このニュース映像には、ラバウルの東飛行場から力強く飛び立ってゆく零戦の勇姿のほかに、来襲する米軍機と零戦の熾烈な空中戦の様子が見事に収められており、かなり貴重な記録フィルムである。その大勝利の1週間後、第2航空戦隊がラバウルに進出、戦況の悪化著しいこの時期にあっても、ラバウルには戦力の強化が図られていたのだ。

ところが2月17日、ラバウル航空隊の補給基地の役割も果たしていたトラック島が米軍機によって大空襲を受け、ラバウル向けの零戦270機が破壊されてしまう。2月20日、ラバウルの第253航空隊と第2航空戦隊はトラック島へ引き揚げ、ここにラバウル航空隊はその栄光の歴史に幕を下ろしたのだった。

♪さらばラバウルよ
　また来るまでは

しばし別れの涙がにじむ
恋し懐かし　あの島見れば
椰子の葉陰に　十字星

ラバウル「撃墜王」列伝

昭和19年2月20日まで勇戦敢闘を続けた「ラバウル航空隊」には、歴戦の航空隊が次々と進出し、そして数多くのエース・パイロット（通常5機撃墜でエースと呼ばれる）を輩出した。卓越した空戦技術で米軍パイロットに恐れられた**西澤広義**（ひろよし）**兵曹**（戦死後＝中尉）は、撃墜86機のスーパー・エースだった。公式撃墜数は86機となっているが、搭乗する輸送機が撃墜されて戦死したことを報じた当時の新聞には、西澤兵曹の撃墜数は150機以上とも記されており、今では〝日米両軍を通じてのトップ・エース〟という説もある。

昭和17年2月にラバウルにやって来て間もなく旧式の96式艦上戦闘機で敵飛行艇を撃墜したのを皮切りに、零戦に乗り換えて以降は次々と敵機を血祭りに上げていった西澤兵曹は、8月7日のガダルカナルの上空でグラマンF4Fワイルドキャットを6機撃墜するなどその空戦技術は群を抜いていた。ラバウル航空戦の末期でも、強力なF4Uコルセアの4機編隊を相手に戦って、単独で3機を撃墜する離れ業をやってのけた文字通りの〝撃墜王〟だった。米軍機を次々と撃ち墜としてゆく西澤兵曹についた異名が〝ラバウルの魔王〟。西澤兵曹は、米ワシントンDCにあるスミソニアン博物館に、日本のエース・パイロットとして写真入りで紹介されており、その撃墜数は〝104 victories〟（104機撃墜）と記されている。つまりアメリカ側は、西澤兵曹の撃墜数を日本で伝えられている86機よりも多い104機とみているのだ。

西澤兵曹とともにスミソニアン博物館に写真が展示されている**杉田庄一兵曹**（戦死後＝少尉）は、山本五十六司令長官機の護衛を務めた撃墜数120機を誇るスーパー・エースだった。この杉田兵曹の初戦果は昭和17年12月1日のブインの迎撃戦で、体当たりして右翼を切断し撃墜したB17爆撃機だった。「とにかく俺について来い！」が、杉田兵曹の部下に対する姿勢だったという。

昭和17年4月にラバウルに着任した**笹井醇一**（じゅんいち）**中尉**（戦死後＝少佐）もまた、歴史にその名を残すスーパー・エースだった。〝ラバウルのリヒトホーフェン〟（筆者注＝マンフレッド・フォン・リヒトホーフェンは第1次世界大戦時に82機を撃墜し「レッド・バロン」と呼ばれたドイツの撃墜王）の異名を取った笹井中尉は、空中指揮官としてガダルカナルおよびニューギニアに連続出撃して戦い続け、8月26日にガダルカナル島上空で壮烈なる戦死を遂げるまでに撃墜数54機を記録した。その最期は、米海兵隊の撃墜王マリオン・カール大尉との一騎射ちの末の壮絶なる戦死だった。

この笹井中尉の2番機を務めたのが**太田敏夫兵曹**だった。太田兵曹は、先の西澤広義兵曹と坂井三郎兵曹と共に〝台南空の三羽烏〟と呼ばれた腕前の持ち主で、ボーイングB17爆撃機を含むグラマンF4Fワイルドキャット、ベルP39エアコブラなど34機を撃墜したラバウル航空隊の誇るエース・パイロットの1人だったが、昭和17年10月21日、ガダルカナル上空で壮烈な戦死を遂げた。

もうひとり笹井中尉の部下として活躍したのが〝大空のサムライ〟として知られる**坂井三郎兵曹**（終戦時＝中尉）で、その撃墜数は60機だったとされている。坂井兵曹は、昭和17年8月7日のガダルカナル島攻撃で、米軍ジェームズ・サザーランド中尉のF4Fワイルドキャットとの空戦で勝利したが、その後、急降下爆撃機SBDドーントレスの後部機銃に撃たれて負傷し意識朦朧となりながらもラバウルに奇跡的な帰還を果たしている。

西澤広義中尉に優るとも劣らぬ空戦技術で連合軍機を次々と撃墜し、米軍パイロットから怖れられた**岩本徹三上等飛行兵曹**（終戦時＝中尉）は、守勢に回るラバウル航空戦が始まった頃の昭和18年11月にラバウル基地に着任した。岩本兵曹は、米軍機と同様の一撃離脱戦法を得意とし、なんと202機もの敵機を撃墜した日本海軍のトップ・エースで〝零戦虎徹〟と呼ばれた。岩本兵曹は、支那事変においても14機撃墜をマークしており、大東亜戦争では、空母「瑞鶴」の搭乗員として真珠湾攻撃、インド洋作戦、珊瑚海海戦など主要作戦に参加して大活躍し、千島列島北端の幌筵（ほろむしろ）島を経てラバウルに着任している。

そんな歴戦の勇士・岩本徹三兵曹は、着任1週間後に米軍機の迎撃に上がり、味方に1機の損害も出さず敵機7機を撃墜し、このときの迎撃戦で52機撃墜という驚くべき大戦果をあげている。次々と米軍機を撃ち墜としてゆく無敵の岩本兵曹の空戦技術は〝神業〟と呼ぶべきもので、彼の機体に描かれた桜の撃墜マークは、後部胴体の日の丸の後ろにびっしりと描かれ、遠くからでもこれが岩本機であることははっきりと分かったという。当然米軍パイロットはその存在を怖れ、岩本機に会敵したときは震え上がったという。

岩本兵曹は、「3号爆弾」と呼ばれる空対空爆弾の名手でもあった。敵編隊の上空から投下すると子弾が燃えながら放射状に飛び散って敵機を撃ち落とす強力な爆弾で、大型爆撃機などにはかなり有効な兵器だった。ある記録によれば、岩本兵曹はこの爆弾で米海軍の急降下爆撃機16機を一挙に葬ったほか、同様に1発の3号爆弾で6機のB24爆撃機を撃墜するという快挙を成し遂げている。当時米軍は、ラバウルの航空戦力をそのあまりの強さに〝1000機〟と見積っていたというが、それにはこの無敵のスーパー・エース岩本兵曹の存在が大きかったと思われる。

岩本兵曹と同じく3号爆弾の名手だった**小町定**（こまちさだむ）**兵曹長**は、ラバウルで3号爆弾によるB24爆撃機編隊への勇猛果敢な攻撃で司令官表彰を受けている。ちなみに小町兵曹は、真珠湾攻撃からセイロン沖海戦、珊瑚海海戦、第2次ソロモン海戦、南太平洋海戦、ラバウル、マリアナ沖海戦などあらゆる戦いに参加しており、敵撃墜40機をマークしたスーパー・エースの1人だった。小町兵曹は、終戦3日後の昭和20年8月18日、関東上空に飛来した最新鋭のB

32ドミネーター爆撃機を紫電改で迎撃して損傷（戦死1名）を与えた〝日本軍最後の空中戦パイロット〟でもある。

昭和18年10月24日にラバウル上空で戦死した**石井静夫飛曹長**は、特に大型機撃墜を得意とし、昭和18年1月のウエワク船団護衛のときには来襲したB24爆撃機を一挙に2機撃墜するという快挙を成し遂げている。また、戦死するまでのわずか1カ月半に撃墜17機を数え、9月23日の空戦では204空の零戦27機が敵機13機を撃墜したが、その内の5機が石井兵曹による戦果だったと言われている。石井兵曹の撃墜スコアは29機だった。

同じくハイペースの撃墜記録を持つのが、**荻谷信男少尉**だ。荻谷少尉は、ラバウル航空戦終盤のわずか13日間に18機撃墜するという短期間最多撃墜記録を持っており、これは陸海軍合わせて最高記録だった。荻谷少尉は昭和19年1月20日のラバウル迎撃戦において、1人でF4Uコルセア2機、SBDドーントレス艦上爆撃機2機、P38ライトニング1機の計5機を撃墜するという驚くべき戦果をあげている。荻谷少尉の総撃墜数は32機だった。

また昭和18年9月14日のブイン迎撃戦で、1日のうちに10機（F4Uコルセア1機、B24リベレーター爆撃機1機、P40ウォーホーク2機、F6Fヘルキャット5機、SBDドーントレス艦上爆撃機1機）を撃墜するという恐るべき離れ業をやってのけたのが**奥村武雄兵曹**である。ラバウルでは、昭和17年9月上旬から10月末までのガダルカナル島攻撃で14機を撃墜しており、昭和16年10月の中国大陸における初めての空中戦で中華民国のI15戦闘機を4

機撃墜して以降、昭和18年9月22日に戦死するまでに敵機54機を撃墜したスーパー・エースだった。

また、大東亜戦争中盤以降のラバウルで初戦果をあげ、その経験を活かして撃墜記録を次々と更新していったスーパー・エースが**谷水竹雄飛曹長**だった。谷水兵曹は、昭和18年11月2日の初陣で、2機のP38ライトニングを撃墜して初戦果をあげて以降、日本軍の劣勢にめげることなく撃墜数を増やしてゆき、終戦までに32機の敵機を撃墜した空の勇者で、機体後部に独特の撃墜マークを描いていたことで知られている。そんなスーパー・エースには感動のエピソードがあり、昭和19年1月4日の空中戦で、F4Uコルセアから脱出して海に向かってパラシュート降下する米軍パイロットに、なんと谷水兵曹は救命用の浮き輪を投げてやったという。

戦後も活躍を続けたスーパー・エースも少なくない。戦後、海上自衛隊に入隊して3等海佐で退官した〝ラバウルの撃墜王〟**大原亮治兵曹**は、昭和17年10月23日にガダルカナル上空で初戦果をあげて以来、次々と撃墜スコアを伸ばし、終戦までに48機の敵機を撃墜したエース・パイロットだった。同じく戦後海上自衛隊に入隊した**杉野計雄**（かずお）**飛曹長**は、昭和18年11月から翌年3月まで、ほぼ連日戦われたラバウル迎撃戦で活躍し、その後も数々の戦いに馳せ参じて終戦までに撃墜32機をマークした。

戦後、航空自衛隊に入隊したのが、本項で大きく取り上げている**本田稔少尉**だ。本田兵曹

（当時）は、ラバウルから連日ガダルカナル島やニューギニアへ攻撃に出かけ、このラバウルだけで43機の敵機を撃墜している。本田兵曹の公式記録は17機となっているが、これは本田兵曹が「めんどうくさくなって数えるのをやめた」からであり、実際はそれをはるかに上回る戦果をあげていたのである。本田兵曹は、誰もがやりたがらなかった正面攻撃で敵機を次々と撃ち落としていった極めて高度な操縦技量の持ち主であり、取材時に私は〝空戦の人間国宝〟の名を贈らせていただいた。

同じく戦後航空自衛隊に入隊した**石原進少尉**は、大型機への攻撃を得意として、昭和18年10月18日にはラバウル上空でB26マローダー爆撃機3機を撃墜し、11月2日にもまたもや同機3機を撃墜するという見事な戦果をあげている。石原進少尉は、終戦までに16機の敵機を撃墜した経験をもって戦後も航空自衛隊でパイロットとして防空の任に就いたが、残念なことに事故で殉職した。

戦後、民間航空機のパイロットになった者も多かった。真珠湾攻撃時に初戦果をあげ、ミッドウェー海戦では空母機動部隊の上空直掩を行って10機を撃墜した**藤田怡与蔵**（いよぞう）**少佐**もラバウルで大活躍しており、終戦までに42機の敵機を葬ったスーパー・エースだった。そして戦後は、日本航空で民間旅客機ボーイング747ジャンボジェットの〝初代機長〟となっている。

撃墜19機を記録する**岡野博飛曹長**もまた、戦後、民間航空機のパイロットになった1人だ。

一騎当千の荒武者も忘れてはならない。昭和20年2月、厚木上空においてたった1機の局地戦闘機「紫電改」でF6Fヘルキャット12機に立ち向かい、なんとその内の4機を撃墜してみせ、〝空の宮本武蔵〟と呼ばれた**武藤金義**（かねよし）**中尉**は、昭和17年11月から昭和18年3月ま28機の敵機を撃墜したスーパー・エースだった。

武藤中尉と同じく、後の本土防空戦で大活躍した**鴛淵**（おしぶち）**孝大尉**もまたラバウルでの戦闘が初陣だった。昭和18年5月、鴛淵中尉（当時）は、第２５１航空隊の分隊長としてラバウルに着任して実戦で操縦桿を握り、この経験を基礎に千島列島やフィリピンで活躍し、後に歴戦のエース・パイロットを集めた海軍第３４３航空隊「剣部隊」の名空中指揮官となるが、この名指揮官・鴛淵中尉をラバウルで鍛え上げたのが撃墜王・西澤広義兵曹だったのだ。鴛淵中尉の撃墜数は6機だったが、これは先の本田稔少尉のように数えるのを止めたか、空戦で空中指揮に徹していたからであろう。

詳細は別項に譲るが、この本土防空戦の切り札となった第３４３航空隊には、ラバウルの経験者が多く、先の武藤金義中尉、杉田庄一兵曹をはじめ、坂井三郎少尉、13機撃墜の記録を持つ宮崎勇少尉、そしてラバウルでの航空戦で43機を撃墜した本田稔少尉などが呼び集められて日本海軍最精強航空隊が編成されている。

通常、米軍などでは、敵機を5機撃墜すると、〝エース〟つまり〝撃墜王〟と呼ばれた。ところがラバウル航空隊には、5機撃墜のエースなど当然のような存在であり、岩本徹三中尉、西澤広義中尉、笹井醇一少佐のように数十機撃墜の〝スーパー・エース〟がごろごろいる。また、ラバウルでの経験を活かしてスーパー・エースとなったパイロットが溢れていたのだ。

ラバウル航空隊は、日本軍パイロットにとって実戦経験を積む〝空戦道場〟であり、撃墜王になるための登竜門だったのである——。

南海の死闘「ソロモン海戦」

米豪分断を狙う日本海軍と米海軍を主力とした連合国海軍は、ソロモン諸島海域で数次にわたり激突したが、日本艦隊はその都度、敵艦艇を撃退。ミッドウェーでの惨敗の仇を討ってみせた。

第8艦隊の旗艦だった重巡洋艦「鳥海」。「ちょうかい」の名は現在、海自のイージス艦に引き継がれている

第8艦隊を率いた三川軍一中将

日本軍の辛勝だった「珊瑚海海戦」

日本軍が、ガダルカナル島、ニューギニア方面に進出したのは、〝領土拡大の野心〟や〝気まぐれ〟などといったものでは断じてない。この方面の一連の作戦には、アメリカとオーストラリアを分断する〝米豪遮断〟という戦略があったのだ。

開戦から1カ月半後の昭和17年（1942）1月23日、日本軍は戦略の要衝ラバウルを占領し、ここを拠点にオーストラリアに最も近いニューギニアのポートモレスビーの攻略（MO作戦）に乗り出し、5月8日には日米の空母機動部隊同士が珊瑚海で激突した。世に言う「珊瑚海海戦」である。この海戦は、世界軍事史上初の空母決戦でもあった。

高木武雄少将率いる機動部隊は、正規空母「翔鶴」「瑞鶴」と軽空母「祥鳳」を中心に、重巡洋艦「妙高」「羽黒」「青葉」「衣笠」「加古」「古鷹」の6隻、軽巡洋艦「夕張」、駆逐艦12隻の陣容だった。対する連合軍側は、正規空母「ヨークタウン」と「レキシントン」を中心に、重巡洋艦「ミネアポリス」「ニューオリンズ」「アストリア」「チェスター」「ポートラ

■「ソロモン諸島の海戦」概要図

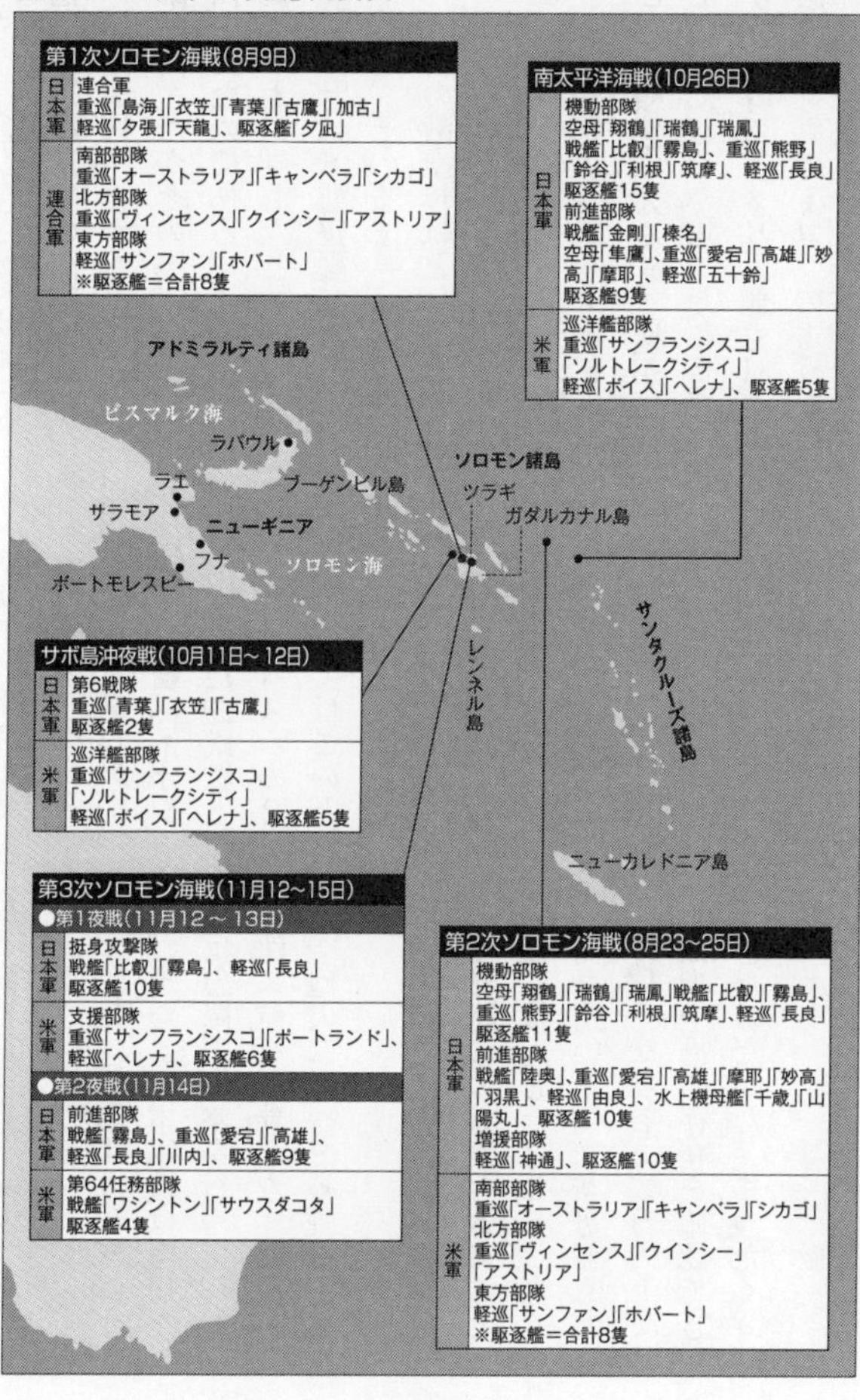

ンド」「シカゴ」に豪海軍「オーストラリア」を合わせた7隻と豪軽巡洋艦「ホバート」の他、駆逐艦13隻の陣容。

5月7日、まず空母「翔鶴」「瑞鶴」の偵察機12機が米空母を発見、両艦より攻撃隊が出撃した。だがその〝米空母〟の正体は、給油艦「ネオショー」だった。日本軍機は艦影を見間違えたのである。そこで、空母から出撃した99式艦上爆撃隊は急降下爆撃を行って、給油艦「ネオショー」と随伴していた駆逐艦「シムス」の2隻を撃沈（航行不能となった「ネオショー」は米駆逐艦により海没処分）した。実はこのとき、対空砲火によって被弾した艦爆1機が、そのまま「ネオショー」に体当たりしたのである。

本物の敵空母はというと、肝を冷やす予想外の〝大ハプニング〟で発見されている。出撃した攻撃隊が敵空母を発見できず、やむなく爆弾を捨てて帰路についたときのことである。我が攻撃隊がようやく母艦を発見して着艦姿勢で飛行甲板に接近したところ、なんとそれが米空母「レキシントン」だったのだ。これにはアメリカ側も驚いた。米空母側も悠々と着陸態勢に入る航空機がよもや日本軍機だとは思わず、〝味方機〟を収容しようとしていただけにさぞや焦ったことだろう。このことによって、日本側は米空母の存在を確認できたが、同時にアメリカ側も日本の空母が近くにいることを確認できたのだった。まったく、映画やマンガの1コマのような出来事だ。

先手をとったのは米軍だった。5月7日午前9時20分（日本時間）、米空母艦載機が軽空母「祥鳳」に襲い掛かってきた。90機ものTBDデバステーター雷撃機とSBDドーントレス急降下爆撃機の集中攻撃を受けた「祥鳳」は、魚雷7本、爆弾13発をくらって沈没。「祥鳳」は、日本の最初の損失空母となった。だが、戦いはこれからだった。

5月8日午前7時30分、空母「瑞鶴」から、真珠湾攻撃の第2次攻撃隊長だった嶋崎重和少佐率いる戦闘機・急降下爆撃機・雷撃機合わせて31機と、空母「翔鶴」からは、同じく真珠湾攻撃で「翔鶴」飛行隊長を務めた急降下爆撃の名手・高橋赫一少佐率いる戦闘機・急降下爆撃機・雷撃機合わせて38機が米空母を求めて発艦した。だが、これとほぼ同時に2隻の米空母からも日本の空母部隊を求めて攻撃隊が飛び立っていた。米攻撃隊は空母「翔鶴」に殺到し、空母の直掩戦闘機隊の阻止攻撃をかいくぐって爆弾3発を命中させ、「翔鶴」の飛行甲板は使用不能に陥ったのである。だがもう1隻の空母「瑞鶴」は、幸運にもスコールの中に隠れて無傷だった。

一方、「翔鶴」「瑞鶴」の攻撃隊は米空母「レキシントン」と「ヨークタウン」

高橋赫一少佐

に襲いかかっていた。日本の攻撃隊は、撃ち上げられる対空砲火をものともせず、敵空母に対して果敢に魚雷攻撃と急降下爆撃を敢行し、「レキシントン」に2発の魚雷を見事に命中させ、250キロ爆弾2発を叩きつけた。「レキシントン」は、大爆発を起こしてもはや手が付けられない状況となり、後に米駆逐艦「フェルプス」の魚雷で処分された。残る空母「ヨークタウン」には、99式艦上爆撃機から投下された250キロ爆弾が飛行甲板を突き抜けて艦内で爆発した。そのため、本艦の戦闘能力は失われ、「ヨークタウン」は後日修理のために戦場を離脱していった。

この史上初の空母決戦となった珊瑚海海戦では、空母「祥鳳」が沈没、「翔鶴」が大破したのと引き換えに、日本海軍は米空母「レキシントン」を沈め、「ヨークタウン」を大破せしめ、その他に給油艦「ネオショー」と駆逐艦「シムス」を撃沈するという戦果をあげたのだった。ちなみに、世界戦史上、米海軍と空母決戦を行い、しかも米空母を撃沈したのは後にも先にも日本海軍だけである。こうして珊瑚海海戦で辛くも日本軍は勝利を収めた。

しかし、「翔鶴」飛行隊長の高橋赫一少佐以下多数のベテラン搭乗員を失ったことが悔やまれる。日本軍は艦載機81機を失ったが、米軍の艦載機の損害は66機だった。前項で紹介した撃墜王・岩本徹三兵曹が空母「瑞鶴」の搭乗員として、空母に襲い掛かってきた米軍機を次々と撃ち墜とし、結果として「瑞鶴」「翔鶴」を絶体絶命のピンチから守り抜いたことも付記しておきたい。

さらに特筆すべきは、「翔鶴」が乗組員の高い練度によって沈没を免れたことだ。敵機の集中攻撃を受けた「翔鶴」の航海長・塚本朋一郎中佐は、見事な操艦によって敵攻撃隊の第3群までの急降下爆撃隊の攻撃を巧みにかわし、第4群による被弾後の敵雷撃機による魚雷攻撃もすべてかわして沈没の危機を脱したのである。塚本中佐はこう記している。

〈この日（五月八日）、速力、転舵、敵攻撃の回避運動等々、すべて航海長である私が独断で行った。城島艦長は、すべてを私に一任したかたちであった。…それは呉帰着まで、ことごとく私の意見どおりに行われた。（中略）

塚本朋一郎中佐

数群の爆撃はことごとく回避に成功したと思ったら、次は雷撃機の襲来である。見張員から「右何度…千メートル、雷撃機、左何度…」と報告してくる。私はいずれを先によけるべきかをとっさに判断し、艦をその方に転針した。そして、雷跡と平行にして「宜候」（ヨーソロ）を令した。魚雷はあるいは右舷、あるいは左舷にスレスレに航過していく。その魚雷をやりすごした間に、こんどは反対舷からの魚雷に向首する。なにせ三万数千トン、長さ二百六十メートルに近い大鑑である。しかも最大戦速の三十五・五ノットの速力で回避中であるから、その操舵には独特の手腕と勘を要する。かくて、あいついで来襲する数群の雷撃隊による魚雷は、ことごとく回避に成功した〉（塚本朋一郎「翔鶴航海長の見た珊瑚海海戦」―『丸別冊　戦勝の日々』潮書房）

日頃の訓練の賜物である見事な操艦が「翔鶴」を沈没の危機から救っていたのだ。

対空射撃も工夫されていた。結論から言えば、直上から襲いかかってくる敵急降下爆撃機に対し、猛烈な弾を撃ち上げて上空に弾幕を張って爆弾の命中精度を低下させる「弾幕射撃」が行われたのだ。これは日本海軍初の試みだった。そのため、「翔鶴」に搭載された12・7センチ高角砲16門、25ミリ機銃32基の全ての対空火器を、上向きに仰角45度、予調照尺800メートルに設定し、隙間がないように空に〝弾のバリア〟を張り巡らせる戦術だった。この新戦術を考案した砲術士兼第一分隊士（第一高角砲群指揮官）の丹羽正行中尉は後にこう証言している。

〈そのとき、幸か不幸か、敵急降下機の第一群編隊が、私が直接射撃指揮をとる第一高射砲群の備えていた方向に近い、右六十度、高角五十度の雲間から、キラリと翼を光らせて急降下に入った。

私が、

「右六十度、急降下、撃ち方はじめ」

と下令したところ、射手が、

「敵機が眼鏡（照準器）に入りません」

そこで、前々からの打ち合わせにしたがって、

「そのままそこで撃て」

と下令して、初弾を予調証尺八百のまま発砲した。第一高角砲群の発砲により、全砲火が右六十度方向に一斉射撃を開始し、完全な弾幕ができあがった。

しかも『初弾命中』と見張員の報告があり、敵編隊の先頭機に命中した。その後の編隊は、先頭機に追随しての急降下らしく、爆弾は命中せず、全機（約九機）を撃破することができた〉（丹羽正行「珊瑚海海戦と翔鶴の対空戦闘」——『丸別冊　戦勝の日々』潮書房）

結果として「翔鶴」は3発の爆弾を受けて飛行甲板は使用不能となったが、沈没を免れたことが重要である。「翔鶴」はこうした優秀な乗員の熟練技術とアイデアに救われたのだった。

日本の〝完全試合〟だった「第1次ソロモン海戦」

珊瑚海海戦で「祥鳳」沈没、「翔鶴」大破という損害によって、ニューギニアのポートモレスビー攻略は見送られたが、日本軍は、アメリカとオーストラリアを結ぶ線上に立ちはだかる小さなガダルカナル島に小部隊を上陸させてこれを占領し、ただちに飛行場建設にとり

かかった。これに慌てたのがアメリカだった。ガダルカナル島に飛行場を造られたのでは、アメリカとオーストラリア・ニュージーランドを結ぶ交通路の障害となり、米豪連携に支障をきたすことになる。そこで昭和17年8月7日、アメリカは横浜海軍航空隊が水上機基地を置いていたツラギ島に上陸した後、海峡を挟んで向かいのガダルカナル島に第1海兵師団約1万5千人を上陸させた。

ガダルカナル島へ米軍上陸す――報告を受けて同日、ニューブリテン島のラバウルに進出してきた海軍航空隊がガダルカナルに攻撃を掛け、その翌日の8月8日、このガダルカナル島に押し寄せてきた敵艦隊および上陸部隊を撃破するために、三川軍一(みかわぐんいち)中将率いる第8艦隊が同島に急行した。

「帝国海軍の伝統たる夜戦において、必勝を期し突入せんとす。各員冷静沈着事に当たり、よく全力を尽くすべし」というのが、三川中将の訓示であった。

第8艦隊は、重巡洋艦「鳥海」を旗艦とし、重巡洋艦「青葉」「加古」「衣笠」「古鷹」、軽巡洋艦「天龍」「夕張」、そして駆逐艦「夕凪」の合計8隻からなる巡洋艦部隊が一列に並ぶ単陣形でガダルカナル島沖のサボ島南水道に入った。旗艦の「鳥海」は、排水量9850トン、全長約204メートルの一等巡洋艦高雄型の3番艦で、主砲の20センチ連装砲5基を10門搭載し、魚雷発射管4基8門、そして対空兵装として12センチ高角砲4門などを搭載した戦闘艦で、当時、世界最強の巡洋艦であった。またその他の重巡洋艦も世界トップクラスの性能を誇っていた。

日本軍を迎え撃ったのは、米リッチモンド・K・ターナー少将率いる第62任務部隊だった。米豪連合艦隊は、部隊を南方部隊、北方部隊、東方部隊の3つに分けてガダルカナル島に上陸する輸送船団を護衛し、そして日本艦隊を待ち構えていたのである。

【南方部隊】（警備担当海域：ガダルカナル島とサボ島間の南水道／司令官　英V・A・C・クラッチレー英少将）豪重巡洋艦「オーストラリア」「キャンベラ」、米重巡洋艦「シカゴ」（※ただし「オーストラリア」は、クラッチレー少将と共に会議のため部隊を離れていたため第1次ソロモン海戦には参加していない）、米駆逐艦「パターソン」「バックレイ」

【北方部隊】（警備担当海域：フロリダ島とサボ島間の北水道／司令官　米フレデリック・F・リーフコール大佐）米重巡洋艦「ヴィンセンス」「クインシー」「アストリア」、米駆逐艦「ヘルム」「ウィルソン」

【東方部隊】（警備担当海域：ガダルカナル島とツラギ島間のシーラーク水道／司令官　米ノーマン・スコット少将）米軽巡洋艦「サンファン」、豪軽巡洋艦「ホバート」、米駆逐艦「モンセン」「ブキャナン」

これらの3艦隊に加えて、サボ島の北側と南側に米駆逐艦「ラルフ・タルボット」と「ブルー」が1隻ずつ哨戒艦として配置されていた。かくも優勢な敵艦隊の中へ、第8艦隊は闇夜に乗じて突っ込んでいったのである。ここに「第1次ソロモン海戦」(連合軍呼称は"Battle of Savo Island"=「サボ島沖海戦」)が勃発した。

23時31分(日本時間)、敵に気付かれることなくサボ島にたどり着いた我が第8艦隊の旗艦「鳥海」の三川中将より「全軍突撃!」が下令された。

実は、真珠湾攻撃以来数々の海戦に参加してきた三川中将だったが、この第1次ソロモン海戦が敵艦隊と初めての交戦であった。このときの心境について、三川中将はこう綴っている。

〈死なんてことは考えようもなかった。とにかく恐ろしいとも、悲しいとも、なんとも考えないから不思議だ。いざ合戦となって、艦橋にはどんどん弾丸が飛んで来る。あちこちに破片が落ちて、カーン、カーンと音を立てる。火が出る。それを見ても、全然気が散らない。なにか一心にやっているときの、無念無想というやつだろう〉(三川軍一「第一次ソロモン海戦の思い出」―『丸エキストラ戦史と旅④』潮書房)

自らの訓示のごとく冷静沈着な指揮官であったからこそ的確な指揮ができ、そして勝利できたのだろう。三川中将の突撃命令の直後、日本軍の水上偵察機が吊光弾(照明弾)を投下するや暗闇に敵艦隊の姿が照らし出された。旗艦「鳥海」の砲術長・仲繁雄中佐はこう述懐している。

〈鳥海の主砲は、目測七千メートルで調定して、合図を待っていた。「照射はじめ」の号令と同時に、再右端にいる敵重巡をとらえた、反航戦だが、敵の速力は一〇ノット以下とみた。

射撃盤は自動的に操作されて、照尺距離は六千メートルくらいに修正される。つづいて、間髪をいれず、鳥海の二〇センチ主砲一〇門が、いっせいに火を吐いた。発砲一〇発のうち、二発が確実に敵艦をとらえ、夜目にも鮮やかな閃光を発して命中するのがわかった。

「命中、急げ」

私はすぐさま発令所につたえた。

「急げ」とは、初弾の遠近を砲術長が観測して、照尺（筆者注＝照準装置）の変更をあたえて修正するまで第二弾を発砲せず、号令とともに装填秒時を考慮して連続射撃する射法である。「初弾命中」に、発令所のあげる歓声が聞こえてくる。発令所長の原口大尉は、ただちに各砲塔に初弾命中を通報した。この知らせは、各砲塔の士気を大いに高めた〉（仲繁雄「接近戦による毎斉射命中」――『丸エキストラ戦史と旅④』潮書房）

各艦は、敵の南方部隊の先頭艦だった豪重巡洋艦「キャンベラ」と米重巡洋艦「シカゴ」および米駆逐艦「パターソン」に主砲弾を撃ち込み、魚雷攻撃を開始した。日本艦隊は、主砲だけでなく搭載する対空射撃用の高角砲などを総動員して敵艦隊に猛攻撃を加えたのである。米駆逐艦「パターソン」は多数の砲弾が直撃して大損害を受け、豪重巡洋艦「キャンベラ」には日本艦隊が放った魚雷と主砲弾が次々と命中し、洋上の松明と化して翌朝に沈没した。これと同時に米重巡洋艦「シカゴ」にも魚雷が命中して艦首部を破壊され、続いて砲弾のシャワーを浴びて戦場を離脱せざるを得ない大損害を被ったのである。次々と敵艦隊を撃破してゆく様子を仲中佐はこう綴っている。

〈斉射（筆者注＝大砲を一斉に射撃すること）ごとの間隔は約二十三、四秒だった。第二斉射、第三斉射も二、三弾ずつが命中する。第三斉射が命中したころには、敵艦がすでに火の海となり、カタパルトにのせた飛行機が、炎上して甲板に落ちる光景が肉眼でも見える〉（前掲書）

正確を極める日本艦隊の射撃は、米豪艦隊をめった討ちにしていったのである。


次々と敵艦に命中弾を与えても、艦艇のエンジンを担任する艦内の機関科の者には状況はまったく分からない。そこで各艦ではこうした艦内部署にも状況が知らされたという。重巡洋艦「衣笠」の村上兵一郎上等機関兵曹はそのときの心境についてこう綴っている。

〈やがて拡声器から、「戦闘情報知らす。ただいまツラギの沖、わが艦隊は一列縦陣にて、突撃中、右砲戦、魚雷戦」思わず胸がおどり、ぐっと両足をふみしめる。艦腹にとじこめられたわれわれ機関兵には、海上のようすは皆目わからない。しかし、戦闘時の緊張した空気は、そのままわれわれにも伝わり、自然に闘志がわいくる〉（村上兵一郎「夜戦の雄『衣笠』ソロモン海に没す」―『丸エキストラ戦史と旅④』潮書房）

南方部隊を撃破した後、第8艦隊の前に現れたのがリーフコール大佐の北方部隊だったが、旗艦「鳥海」自らが、探照灯（艦載用大型サーチライト）を照射して闇夜の戦場から敵艦を照らし出すことに成功した。まず漆黒の闇に浮かび上がったのが米重巡洋艦「アストリア」

だった。「鳥海」はすぐさま「アストリアに」20チセン砲弾を叩き込む。命中！　続いて他の艦からも20チセン砲弾が雨あられと浴びせられ、「アストリア」は蜂の巣状態になって翌日沈没した。

「アストリア」を叩きのめした「鳥海」は、続けて米重巡洋艦「クインシー」にも20チセン砲弾を命中させている。「鳥海」の探照灯に照らし出された「クインシー」には他の日本艦から魚雷攻撃も行われ、戦闘能力を失った「クインシー」は午前0時35分に沈没した。

第8艦隊の攻撃は続く。「鳥海」から放たれた3本の魚雷が米重巡洋艦「ヴィンセンス」に命中。「夕張」の魚雷が追い打ちをかけて「ヴィンセンス」は航行不能に陥った。日本艦隊の砲弾は容赦なくこの「ヴィンセンス」に降り注ぎ、午前0時50分に沈没した。日本艦隊は、わずか15分間に2隻の米重巡洋艦をガダルカナル島沖に葬り去ったのである。加えて日本艦隊は、軽巡「天龍」と「夕張」が探照灯で照らし出した米駆逐艦「ラルフ・タルボット」に集中射撃を浴びせてこれを破壊した。

我が方も、敵重巡洋艦の20チセン砲弾が「鳥海」の一番砲などに命中し、約70名の戦死傷者を出しているが、第1次ソロモン海戦では、5隻の重巡洋艦、2隻の軽巡洋艦、1隻の駆逐艦からなる日本艦隊が、重巡洋艦5隻、軽巡洋艦2隻、駆逐艦8隻からなる優勢な米豪連合艦隊を相手に得意の夜戦で挑み、敵重巡洋艦「アストリア」「キャンベラ」「クインシー」「ヴィンセンス」の4隻を撃沈し、重巡洋艦「シカゴ」および駆逐艦「ラルフ・タルボット」を打ちのめして大破せしめ、さらに、駆逐艦「パターソン」に損傷を与えるという大戦果をあげたのである。我が方の損害は、旗艦「鳥海」小破のみという日本軍の〝パーフェクト・ゲーム〟（完全勝利）といえる。

砲術長の仲中佐は述懐する。

〈全艦隊がふたたび編隊をくんでみると、驚いたことに敵軍艦のすべてをせん滅したのに、味方には一隻も航行不能におちいったものがなかった。完全に我が方の勝利である。これでミッドウェーの仇討もできたような気がして、久しぶりに溜飲のさがるのをおぼえた〉（「接近戦による毎斉射命中」）

第1次ソロモン海戦では完全勝利の一方で、三川中将がガダルカナル島に物資を揚陸する敵輸送船団を攻撃しなかったことに批判があった。戦後、三川中将はこのことについて、次のように語っている。

〈戦後になって、ツラギ海域を論評する者の中には、ガ島に荷役中の数十隻の大船団には一指も触れず、みすみす米上陸軍撃滅のチャンスを逃したというものがある。再突入すれば輸送船団は全滅しただろう、というのである。いかにもそうだ。だが、当時のわれわれが、どんなに軍艦の保全に気を使っていたか、あのころからもう一隻でも失ってはいけないという条件が課されていた。突入以前に、敵機動部隊の蠢動が察知され、無線電話はひんぴんと敵の交信を傍受していた。夜明け前に敵の航空圏外に脱出しなければ危険だ、と判断した〉

（「第一次ソロモン海戦の思い出」）

敵輸送船団攻撃のためにこれ以上の時間を費やせば夜が明けて敵機の攻撃を受けることは必至であり、空母を伴わない丸裸の第8艦隊としては輸送船団攻撃を断念して引き返すという三川中将の判断は決して間違っていなかった。ラバウルからの航空部隊の掩護もなく、闇夜を味方に大戦果をあげた三川中将麾下の決断と第8艦隊の武勇は、後世に語り継がれるべきであろう。

三川中将は、第1次ソロモン海戦をこう総括している。

〈敵は最初、飛行機からの攻撃と思ったらしく、もっぱら空に向けて応戦していたが、これこそ〝殴り込み〟という言葉にふさわしい必殺の戦法だった。ただ夜戦といえば、むかしから水雷戦隊のものと相場が決まり、巡洋艦だけでやったのはこれが初めてだった。正確には突入から三十六分、最初の魚雷発射からは、たった十分間の戦果である〉（前掲書）

もうひとつ、忘れてはいけない点がある。それは、第1次ソロモン海戦の大勝利は、皮肉なことに日本海軍を批判するときに必ずといってよいほど用いられる〝大艦巨砲主義〟のお蔭だったということである。この海戦で勝利できたのは、〝艦隊決戦〟を念頭に磨いてきた帝国海軍の対艦砲戦技術が米軍を上回っていたからにほかならない。

「鳥海」砲術長の仲中佐は、こう分析している。

〈このとき、完全勝利の戦果を得られたのは、敵の見張り能力、通信能力がいちじるしく低劣で、しかも米豪の連合軍であったため、さらに指揮通信がうまくいかなかったためと想像される。

しかも日本海軍では、ハワイ海戦の大勝利があるまで、飛行機の威力はそれほどみとめておらず、砲戦が海戦の勝敗を決する最大の要素だとの考えが強く、射撃訓練はじつに猛烈に行われていた。そのようなはげしい努力によってつちかわれてきた技量の差が、この海戦によってはっきりあらわれたものと確信する〉(「接近戦による毎斉射命中」)

戦後、アメリカの歴史学者サミュエル・エリオット・モリソン氏は、第1次ソロモン海戦についてアメリカ海軍作戦史に次のように記している。

「これこそ、アメリカ海軍がかつて被った最悪の敗北のひとつである。連合軍にとってガダルカナル上陸の美酒は一夜にして敗北の苦杯へと変わった」

日本の〝逆転勝利〟だった「第2次ソロモン海戦」

第1次ソロモン海戦の大勝利は、陸軍をも大いに奮い立たせた。陸軍は一木清直大佐率いる一木支隊(約900名)をガダルカナルに上陸させて飛行場奪還を企図したのだった。8月18日、一木支隊の第1梯団は、輸送船ではなく第4駆逐隊司令・有賀幸作大佐率いる駆逐艦「陽炎」「浜風」「浦風」「谷風」「萩風」「嵐」に分乗して、ガダルカナル島のタイボ岬に上陸し、米軍のヘンダーソン飛行場を目指して海岸沿いを進撃した。ところが米軍の待ち伏せ攻撃に遭って壊滅してしまったのである。8月20日の出来事だった。一木支隊の上陸と並行してガダルカナルに送り込まれたのは一木支隊だけではなかった。一木支隊の第2梯団、青葉支隊など約6千人の派遣が準備されていた。ところがその矢先に米空母機動部隊が出現したという情報が入り、川口支隊は待機となった。米空母機動部隊を討ちに行ったのは、南雲忠一中将率いる第3艦隊および近藤信竹中将率いる第2艦隊だった。

【第2艦隊】（近藤信竹中将）
戦艦「陸奥」、重巡洋艦「愛宕」「高雄」「麻耶」「妙高」「羽黒」、軽巡洋艦「由良」、駆逐艦8隻

【第3艦隊】（南雲忠一中将）
空母「翔鶴」「瑞鶴」「龍驤」、戦艦「比叡」「霧島」、重巡洋艦「筑摩」「鈴谷」「熊野」「利根」、軽巡洋艦「長良」、駆逐艦13隻

一方の米軍は、3個の空母機動部隊で待ち構えた。

【第61任務部隊】（F・J・フレッチャー中将）
空母「サラトガ」、重巡洋艦「ニューオリンズ」「ミネアポリス」、駆逐艦4隻

【第16任務部隊】（T・C・キンケイド少将）

空母「エンタープライズ」、戦艦「ノースカロライナ」、重巡洋艦「ポートランド」、軽巡洋艦「アトランタ」、駆逐艦5隻

【第18任務部隊】（F・C・シャーマン少将）

空母「ワスプ」、重巡洋艦「サンフランシスコ」「ソルトレイクシティ」、駆逐艦7隻

昭和17年8月24日、ソロモン海域で再び日米両軍の空母機動部隊同士が激突することとなった。「第2次ソロモン海戦」（連合軍呼称は「東部ソロモン海戦」）が生起したのである。

まずは米空母「サラトガ」の雷撃機と艦上爆撃機が日本の空母「龍驤」に殺到し、魚雷1本と爆弾4発を受けて「龍驤」は沈没した。

だが日本艦隊も負けてはいなかった。空母「翔鶴」の関衛(まもる)少佐率いる99式艦上爆撃機27機と護衛の零戦10が米空母「エンタープライズ」を攻撃し、急降下爆撃によって爆弾3発を命中させ、戦闘能力を完全に奪ったのである。日本艦隊は米正規空母「エンタープライズ」を叩きのめして大破させたが、軽空母「龍驤」と艦上爆撃機20機をベテラン搭乗員と共に失ったことは大きな痛手であった。

第2次ソロモン海戦は日本軍の敗北に終わったかのように見えた。だが、日本海軍の潜水艦が見事にその仇を討ったのである。

ガダルカナル攻防戦が始まるや、米海軍艦艇を水中から狙い撃つため周辺海域に進出して

いた我が潜水艦部隊が米空母を次々と仕留めていったのだ。

第2次ソロモン海戦から1週間後の8月31日、潜水艦「伊26」が、ソロモン諸島サンクリストバル島東方で、米空母「サラトガ」を魚雷攻撃によって撃破し、「サラトガ」は修理のため3カ月間戦場から消えたのだった。「伊26」は見事に「龍驤」の仇討を果たしたのである。さらにその2週間後の9月15日、今度は潜水艦「伊19」が、同じくソロモン諸島サンクリストバル島の南東海域で、第2次ソロモン海戦で無傷だった米正規空母「ワスプ」に対して6本の魚雷を発射してその内の3本が見事命中。「ワスプ」は大爆発を起こして航行不能に陥り、ついに米駆逐艦の魚雷によって沈没したのである。それだけではない。「伊19」が放った6本の魚雷の内1本が、なんと10キロ先を航行中の米戦艦「ノースカロライナ」に命中して大損害を与え、さらに1本は、米駆逐艦「オブライエン」に命中してこれを見事撃沈したのである。あっぱれ「伊26」と「伊19」。大戦果をあげた2隻の潜水艦の見事な仇討を含めれば、負けたはずの第2次ソロモン海戦は、実は〝日本軍の逆転勝利〟だったと言ってよいだろう。

ガ島飛行場への艦砲射撃と「サボ島沖夜戦」

第2次ソロモン海戦を経て、最終的には駆逐艦と大型舟艇に分乗した川口支隊はガダルカナル島に上陸を果たしたが、舟艇で海上機動した岡大佐の部隊は途中で米軍機の攻撃を受けるなどして大きな被害を出しながらも島北西端のカミンボに上陸した。日本軍にとってガダルカナルは、いかなる犠牲を払っても確保しなければならない戦略要衝だったが、次々と空母を撃沈された米軍にとっても、ガダルカナルの飛行場はどうしても守らねばならない要衝だった。

8月7日の海兵隊の上陸後、米軍は急ピッチで飛行場建設を進め、8月中にヘンダーソン基地を完成させた。そして後には、米海兵隊だけでなく米海軍、米陸軍に加え、オーストラリア空軍とニュージーランド空軍までもがこの基地を利用して日本軍に対抗してきたのである。

どうにか上陸を果たした川口支隊は、一木支隊の失敗を教訓にヘンダーソン基地の裏側から攻撃を仕掛けたが、総攻撃に失敗し敗退した。10月3日、第2師団長・丸山政男中将がガダルカナル島のタサファロング海岸に上陸、9日には第17軍司令官・百武晴吉中将が上陸して勇川に軍司令部を置いて後続部隊を待った。また同時に、ガダルカナル島の飛行場・ヘンダーソン基地を艦砲射撃で破壊してしまおうという作戦が立案された。

こうして10月11日、第6戦隊司令官・五藤存知少将率いる重巡洋艦「青葉」「古鷹」「衣笠」、駆逐艦「吹雪」「初雪」がその任務のためにショートランド島泊地を出撃し、ガダルカナル島を目指して進撃した。ちょうどこのとき、ガダルカナル島への物資輸送のため航行中の水上機母艦「日進」「千歳」を米軍の偵察機が発見し、米軍ノーマン・スコット少将率いる米重巡洋艦「サンフランシスコ」「ソルトレイクシティ」、軽巡洋艦「ボイシ」「ヘレナ」、駆逐艦「ダンカン」「ファーレンフォルト」「ラフェイ」「ブキャナン」「マッカーラ」が攻撃に向った。ところがこの米艦隊は、「日進」と「千歳」の2隻を発見できず、ガダルカナル島砲撃のために進撃中の五藤少将率いる重巡洋艦部隊に出くわしたのだった。

その日の夜、まずは米駆逐艦「ダンカン」が放った初弾が重巡「青葉」の艦橋を直撃して五藤存知少将が戦死。日米両軍の夜戦が始まった。「サボ島沖夜戦」である。五藤少将が負傷した状況を目の当たりにした第6戦隊先任参謀の貴島掬徳（きくのり）中佐はこう綴っている。

〈吹雪がやられたと思ったとたん、つづけさまの被弾一発、青葉の前艦橋正面に命中し、司令官の左足下に炸裂、並んで立っていた筆者の右足をかすめて、後方で作戦中の水雷参謀・南少佐を斃した。すべては一瞬の出来事だった〉（貴島掬徳「悲運の第六戦隊」――『丸エキストラ戦史と旅④』潮書房）

それでも五藤少将は指揮を続け、敵艦に命中弾を浴びせた。

〈左足負傷の司令官は、艦橋床面に座ったまま作戦の指揮をとった。気を取り直した青葉の主砲が遅ればせながらさっそく応戦を開始した。ドドン、ドーンドン、一斉射、二斉射、三斉射。

敵陣三カ所にわが命中弾の閃光が認められた。

「当たったぞ」〉（前掲書）

猛烈な日本艦隊の反撃によって米駆逐艦「ダンカン」が撃沈され、「ファーレンフォルト」が大破した。日本艦隊も、重巡「古鷹」と駆逐艦「吹雪」を失ったが、重巡「衣笠」と駆逐艦「初雪」が奮戦し、軽巡「ボイシ」を大破させ、重巡「ソルトレイクシティ」を撃破している。このときの「衣笠」の勇猛果敢な戦いぶりは目を見張るものがあり、孤軍奮闘して大戦果をあげているが、貴島中佐はこう述懐している。

〈午後十時に敵と遭遇して、敵の先制攻撃を受けるや、第二攻撃小隊の衣笠は、左警戒艦の白雪とともに、急速に左方に転舵して展開を急ぎ、来襲する敵巡洋艦二隻、駆逐艦二隻と交戦し、たちまちにして、

「敵駆逐艦一隻を撃沈し、巡洋艦二隻を大破させた。これは本艦のみの戦果なり」

との戦闘速報を発した。艦長沢正雄大佐は、射撃にかけてはその道のベテランで、群がる敵を制圧し、しかも無傷のまま敵艦三隻を撃砕したのである。会敵時、さしも好態勢と好条件の中にあった優勢の敵が近迫して来なかったのは、衣笠の勇戦に基因したところが大きいと思う〉(前掲書)

2隻沈没の被害を受けながらも米艦隊に大きな損害を与えた日本艦隊であったが、米艦隊との水上戦闘となってしまったため当初の目的であったガダルカナル島飛行場への艦砲射撃を断念せざるを得ず、そこで今度は高速戦艦による艦砲射撃が計画され、「ヘンダーソン基地夜間砲撃」が実施された。

サボ島沖夜戦から2日後の10月13日23時36分、第3戦隊司令官・栗田健男（たけお）少将率いる戦艦「金剛」「榛名」と護衛の軽巡洋艦「五十鈴」および駆逐艦9隻がヘンダーソン基地への猛烈な艦砲射撃を開始した。この夜間艦砲射撃のミッションに世界最大の46センチ砲を搭載した戦艦「大和」型ではなく威力の小さい36センチ砲を搭載した戦艦「金剛」と「榛名」が選ばれたのは、日本の戦艦12隻の中で最速となる30ノットの最大速力が評価されてのことで、夜明けとともに飛来することが予想された米艦載機の攻撃からいち早く逃れるためであった。

両艦には、対航空機攻撃用の「零式弾」と呼ばれた榴弾の他、炸裂して弾子をばら撒いて炎上させる「3式弾」も積み込まれていた。「金剛」「榛名」は、ガダルカナル島沖を航行しながらヘンダーソン基地めがけて3式弾、榴弾、徹甲弾を1時間20分にわたって撃ち込み、ヘンダーソン基地は文字通り火の海と化した。地上の米軍機は吹き飛ばされ、あるいは炎上し、直撃弾を受けたガソリンタンクは大爆発を起こして炎を吹き上げた。滑走路もまた穴だらけになった。この凄まじい艦砲射撃によって、米軍機54機が破壊されガソリンタンクも焼失した。この戦闘で「金剛」が撃ち込んだのは、3式弾が１０４発と徹甲弾３３１発、同じく「榛名」は、榴弾１８９発と徹甲弾２９４発、両艦合わせて９１８発だった。

このヘンダーソン飛行場への夜間艦砲射撃に引き続いて翌朝にはラバウルから飛来した海軍航空隊による空襲が行われ、さらにその夜には重巡「鳥海」「衣笠」が艦砲射撃を実施した。これでヘンダーソン飛行場を沈黙せしめたと判断し、第2師団は上陸を開始した。ところが輸送船からの物資揚陸中に米軍機の攻撃を受け、3隻の輸送船が沈没したほか、物資の多くが焼失してしまったのだった。米軍は予備の飛行場を設営しており、この飛行場は無傷だったためである。丸山中将率いる第2師団は、ヘンダーソン基地を目指して丸山道と呼ばれた険しいジャンルの山道を進撃し、当初の予定より3日遅れの10月24日に総攻撃を実施した。だが、これまた米軍の圧倒的火力に阻まれ、飛行場奪取はならなかった。翌日、再び総攻撃を仕掛けたが、やはり米軍の猛烈な防御陣地を突破することができず、第2師団将兵は10月26日の闇夜に隠れて再び丸山道から撤退していった。

ミッドウェーの仇を討った日本海軍

ところが海軍部隊は、当初10月21日に決行されるはずであったこの第2師団による総攻撃を支援すべく、近藤信竹中将の第2艦隊と南雲忠一中将の第3艦隊をガダルカナル沖に進出させていたのである。

【第2艦隊】(近藤信竹中将)
空母「隼鷹」、戦艦「金剛」「榛名」、重巡洋艦「愛宕」「高雄」「麻耶」「妙高」、軽巡洋艦「五十鈴」、駆逐艦10隻
【第3艦隊】(南雲忠一中将)
空母「翔鶴」「瑞鶴」「瑞鳳」、戦艦「比叡」「霧島」、重巡洋艦「筑摩」「鈴谷」「熊野」「利

根」、軽巡洋艦「長良」、駆逐艦15隻

これに決戦を挑んできたのが南太平洋部隊司令官ウィリアム・F・ハルゼー中将麾下のトーマス・C・キンケイド少将の第16任務部隊とジョージ・D・マレー少将の第17任務部隊、そしてウィリス・A・リー少将の第64任務部隊だった。

【第16任務部隊】（T・C・キンケイド少将）
空母「エンタープライズ」、戦艦「サウスダコタ」、重巡洋艦「ポートランド」、軽巡洋艦「サンファン」、駆逐艦8隻
【第17任務部隊】（G・D・マレー少将）
空母「ホーネット」、重巡洋艦「ノーザンプトン」「ペンサコラ」、軽巡洋艦「サンディエゴ」「ジュノー」、駆逐艦6隻
【第64任務部隊】（W・A・リー少将）
戦艦「ワシントン」、重巡洋艦「サンフランシスコ」、軽巡洋艦「ヘレナ」「アトランタ」、
駆逐艦6隻

迎えた10月26日、「南太平洋海戦」（連合軍呼称は「サンタ・クルーズ諸島海戦」）が始まった。

この海戦では日本艦隊と米艦隊がほぼ同時に相手を発見し、それぞれの空母から攻撃隊を発艦させ、米軍の急降下爆撃機SBDドーントレスが空母「瑞鳳」の飛行甲板に爆弾を命中させたため艦載機の離発着が不可能となり、2隻の駆逐艦に護衛されて戦場を離脱していった。被害はそれだけではなかった。歴戦艦の空母「翔鶴」も、SBDドーントレスによる急降下爆撃を受け、飛行甲板に4発の爆弾が命中して大破炎上、「瑞鳳」とともに戦場離脱を余儀なくされたのだった。さらに重巡洋艦「筑摩」も急降下爆撃によって大破し、同じく戦場から離脱した。

だが日本艦隊も負けてはいなかった。空母艦載機が米空母をめった打ちにしていたのである。日本の第1次攻撃隊は、空母「ホーネット」に殺到し、99式艦上爆撃機が3発の爆弾を飛行甲板に命中させ、しかも被弾した1機が「ホーネット」に体当たりを敢行した。さらに97式艦上攻撃機が魚雷を命中させ、ついに「ホーネット」を航行不能に陥らせたのである。続けて第2次攻撃隊は、空母「エンタープライズ」を集中攻撃し、急降下爆撃によって2発の爆弾を飛行甲板に命中させ、駆逐艦「ポーター」を魚雷攻撃で撃沈した。さらに97式艦上攻撃機が駆逐艦「スミス」に体当たりして撃破したのである。他にも日本の攻撃隊は、戦艦「サウスダコダ」および軽巡洋艦「サンファン」に爆弾を命中させて大きな損傷を与えている。大破炎上した空母「ホーネット」は巡洋艦に曳航されたが、そこにまた日本の雷撃機が飛来して魚雷1発を命中させ、その後も日本の航空部隊は「ホーネット」を徹底的に攻撃したため同艦は放棄され、米駆逐艦が海没処分しようとしたが失敗し、最終的に日本の2隻の駆逐艦の雷撃によって撃沈されたのだった。

この南太平洋海戦で、空母「翔鶴」と重巡「筑摩」が大破し、空母「瑞鳳」を小破させられたが、その代わりに日本の航空部隊は、アメリカの空母「ホーネット」と駆逐艦「ポーター」を沈め、空母「エンタープライズ」を撃破し、駆逐艦「スミス」を大破させたほか、戦艦「サウスダコダ」および軽巡洋艦「サンファン」に損傷を与えたのだった。日本軍の勝利だった。これで米軍は太平洋海域で作戦行動できる空母がゼロになり、日本海軍は、この南太平洋海戦でミッドウェー海戦の仇を討ったのである。

古村啓蔵少将

ここで特筆すべきは、敵機の攻撃を一手に引き受けるいわゆる〝被害担任艦〟として150余名の戦死者を出した重巡「筑摩」の勇戦敢闘ぶりだ。戦後、「筑摩」艦長の古村啓蔵少将（当時大佐）は、その手記『前衛「筑摩」と南太平洋海戦』（『丸エキストラ戦史と旅④』潮書房）で次のように綴っている。

〈この戦闘では、南雲部隊の作戦よろしきを得て、二十六日午前零時五十分、母艦群はいち早く北に反転し、前衛がおくれて反転したため、母艦群に向かった敵の攻撃機隊がそこにちょうど前衛を発見し、そのいちばん先頭の筑摩が攻撃の的となったのである。

筑摩は母艦の身替わりとなり、これがために味方の作戦を有利に導き得たのである。これを思えば、戦没の英霊ももって瞑すべしである。また、筑摩がこうした多数飛行機の集中攻撃を受けながら、善戦よく艦の運命を全うしえたことは、乗組員の平素の訓練がよくできていたことと、一同がよく心を一にして見事に戦った結果にほかならない。

筑摩は就役いらい連続三カ年、艦隊の訓練にしたがい、乗員の資質のよい上に訓練がじつによくできていた。私は五代目の艦長として着任してから一年二ヵ月、乗組員とはこれまで多くの戦闘に生死をともにし、まったく気合が一致していた。これが激しい戦場でものをいって、艦の運命を救い得たのであって、まったく乗員一同のおかげであると、いまもなお感謝している〉

武士道精神ここに極まれり——敵の攻撃を一手に引き受け、満身創痍になりながらも戦い続けたその戦いぶりを思うと涙がこみ上げてくる。かくも部下思いの艦長がいて、練度が高く士気旺盛な乗員がいたから重巡「筑摩」がこの熾烈な敵の攻撃を耐え抜いたのであり、だから日本軍は強かったのである。ただこの海戦で、日本海軍は米海軍艦艇の猛烈な対空射撃によって多くの艦載機とベテラン搭乗員を失ったことは誠に残念でならない。

絶海の血闘「ガダルカナル島の戦い」

ソロモン諸島に浮かぶガダルカナル島は米豪分断を企図する日本軍にとって戦略上の〝要衝〟だった。かの地を米軍から奪還するために戦力の投下を余儀なくされた日本軍だったが、結局、最後は奪還を断念し撤退している。史上名高い〝飢島の悲劇〟を日本軍はいかに戦ったのか⁉

ガダルカナル島に上陸する米海兵隊

海岸線に並ぶ一木支隊将兵の遺体

「日本兵は本当に強かった」と口にした現地の少年

ソロモン諸島に浮かぶガダルカナル島を巡る攻防戦は、大東亜戦争でもっとも知られた戦いの1つである。アメリカとオーストラリアの交通路を遮断することを戦略目標に、この島に送り込まれた日本軍将兵3万6千人の内2万2千人が戦死したが、そのうち約1万5千人はマラリアや赤痢などによる戦病死および食料不足による餓死だったのである。

昭和17年（1942）7月6日に海軍設営隊が、軍内部でもそれまで名前すら知られていなかったガダルカナル島へ上陸し、航空部隊の根拠地となるルンガ飛行場の建設にとりかかったことが、ガ島攻防戦の契機だった。この日本軍の動きを察知した米軍は、翌月8月7日にアレクサンダー・バンデクリフト少将率いる米第1海兵師団1万900人を上陸させ、ルンガ飛行場を奪取、ヘンダーソン飛行場と命名して利用したのである。米軍上陸の報を受け、日本軍はラバウル基地から海軍中攻隊をガダルカナル島に差し向けた。ガダルカナル上空を巡る空の戦いの幕開けである。

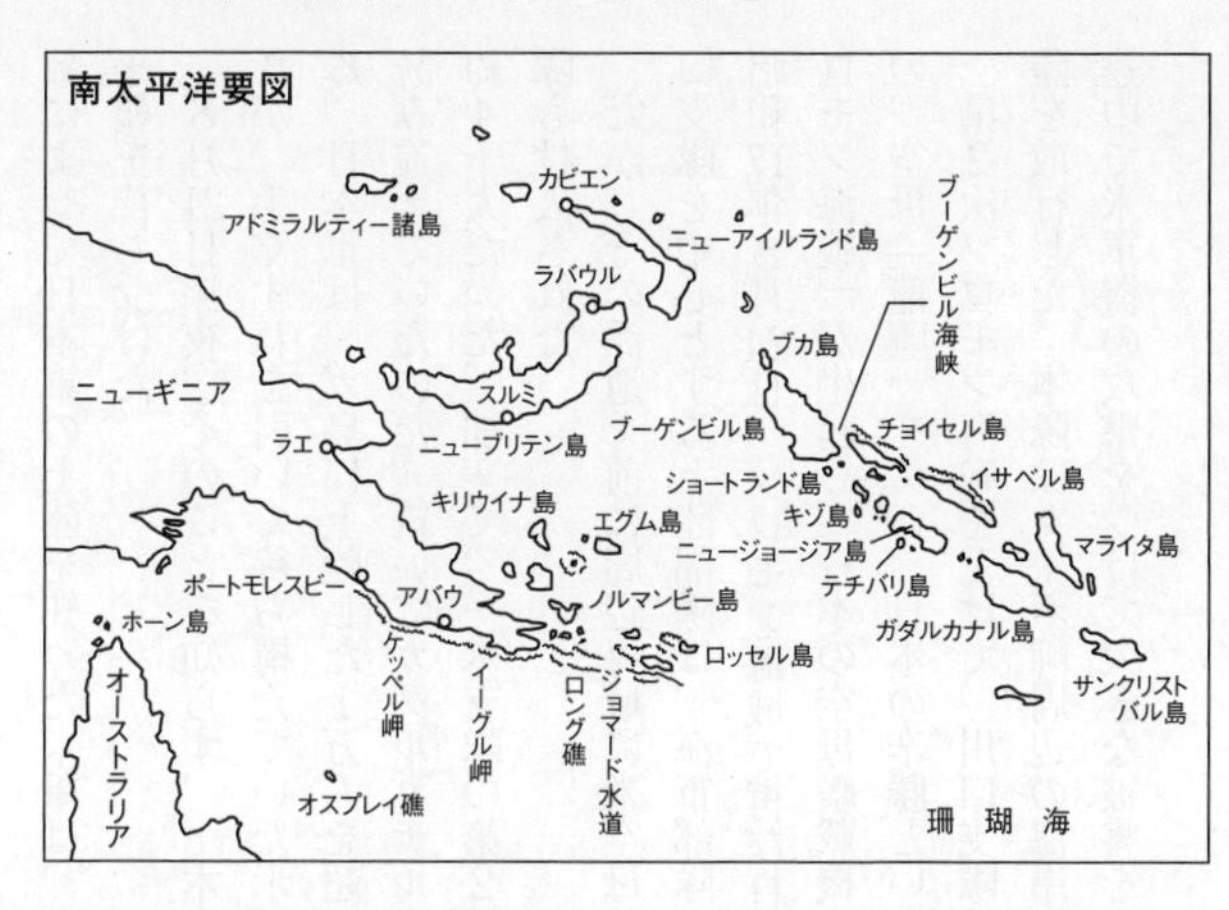

8月9日夜には、第1次ソロモン海戦が勃発した。ガダルカナル沖のサボ島付近で三川軍一中将率いる第8艦隊が米英豪艦隊と激突し、日本艦隊は、米重巡「ヴィンセンス」をはじめ重巡洋艦4隻と駆逐艦1隻を撃沈、米重巡「シカゴ」および米駆逐艦1隻を大破せしめ、米駆逐艦1隻を中破させ、我が方の損害は、重巡「加古」が沈没、重巡「鳥海」が小破したにとどまった。

この日本海軍の大勝利を受けて、ガダルカナル奪還作戦が始まる。8月18日、有賀幸作大佐率いる駆逐艦6隻からなる第4駆逐隊によって運ばれた一木清直大佐率いる「一木支隊」の陸軍歩兵部隊916人が夜間に上陸を行い、飛行場奪還を目指して進撃を開始した。だが、19日深夜、一木支隊の38人の斥候部隊のうち33人が米軍の待ち伏せ攻撃によって戦死した。この接敵によって日本軍の上陸を知った米軍は、イル川西岸に強力な防御陣地を築いて一木支隊の来襲を待ち受けた。

8月21日深夜、そのことを知らず、一木支隊は3次にわたって米軍陣地への突撃を敢行したが、手ぐすねを引いて待ち構えていた米軍の激しい反撃に遭って壊滅してしまったのである。日本軍は、ガ島に上陸した1万人を超える米軍の戦力を2千人程度、1個大隊ぐらいと読み違えていたのだ。続いてガダルカナル島に派遣されたのが川口清健(きよたけ)少将率いる川口支隊約4千人だった。加えて、一木支隊の第2梯団、第2師団歩兵第4連隊を主力とする青葉支隊も投入された。

だが、その派遣を前に周辺海域に米空母部隊出現の情報が飛び込んでくる。そのため、川口支隊を中心とする上陸部隊は、海軍部隊による米空母掃討を待つことになった。こうして昭和17年8月24日、ソロモン海域で再び日米両軍の空母機動部隊同士が激突し、「第2次ソロモン海戦」が生起し、日本の空母艦載機は米空母「エンタープライズ」を大破させたものの、空母「龍驤」を失い、日本の辛勝という結果になっている。

第2次ソロモン海戦を受けて、川口支隊は駆逐艦と大型舟艇に分乗してガダルカナル島上陸を敢行した。本隊はタイボ岬周辺の海岸に逐次上陸、舟艇で海上機動した岡大佐の部隊は途中で米軍機の攻撃を受けて大きな被害を出しながらも島北西端のカミンボの海岸に上陸した。

川口清健少将

一木清直大佐

　タイボ岬周辺海岸とカミンボ海岸の概ね2カ所に分散上陸した川口支隊の作戦は、一木支隊の壊滅を教訓として米軍の堅固な防御陣地への正面攻撃を避け、険しいジャングルの中を迂回し、一木支隊が渡河できなかったイル川を少し上流から渡って、ヘンダーソン飛行場を背後から突くというものだった。ところが、険しいジャングルの中を重装備の部隊が進撃するのは困難を極めた。川口支隊は、作戦通りに9月12日にヘンダーソン飛行場への総攻撃を行ったのだが、部隊の集結が揃わずバラバラの攻撃となってしまった。しかも米軍はまたしても、その攻撃正面に強力な防御陣地を敷いていたため、川口支隊の総攻撃は失敗に終わっている。ヘンダーソン飛行場奪還作戦を断念した川口支隊の将兵は、わずかな糧

■「ガダルカナル島の戦い」概要図

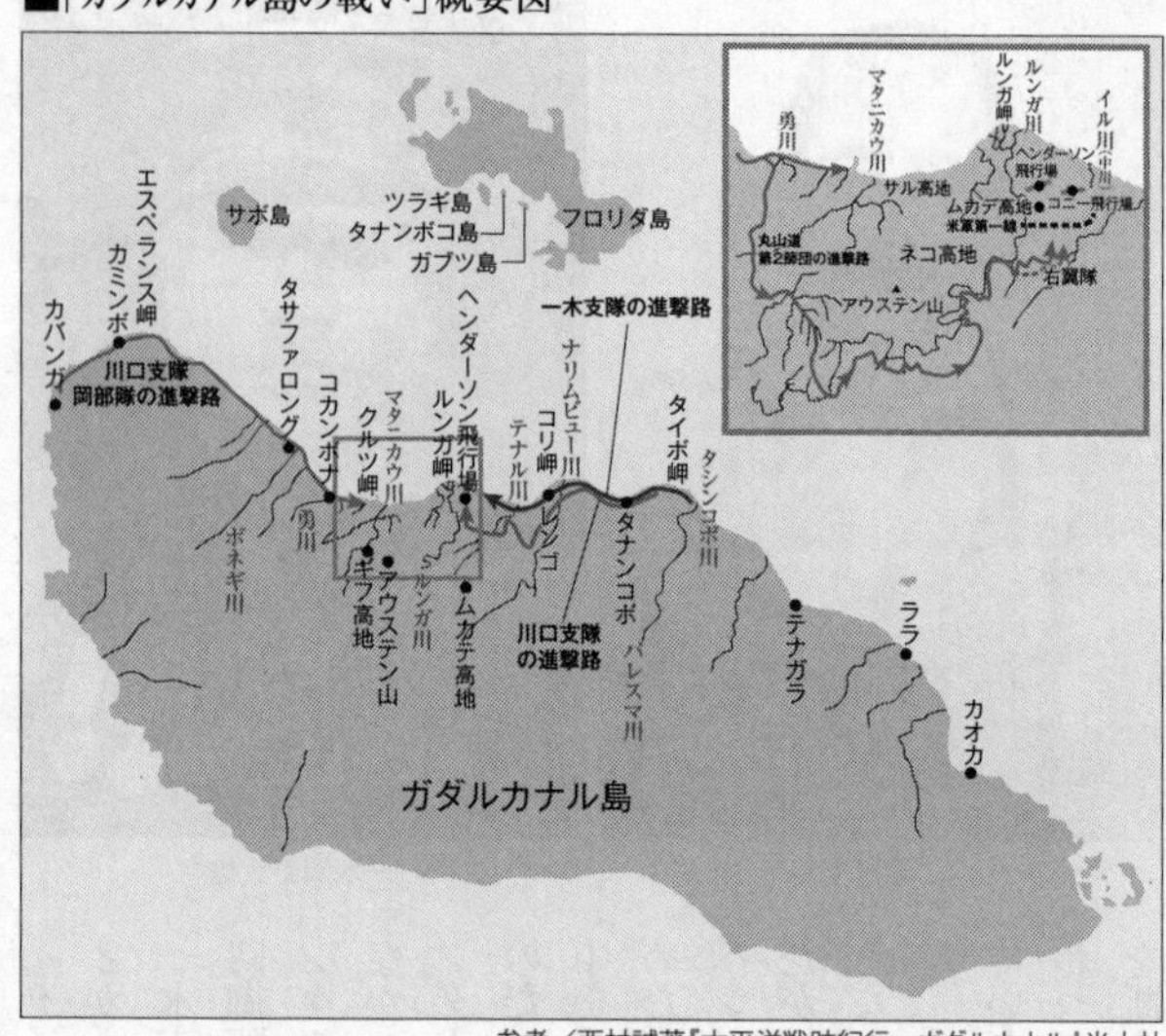

参考／西村誠著『太平洋戦跡紀行　ガダルカナル』光人社

食をもって西方へと撤退していった。

日本軍にとってガダルカナルは、いかなる犠牲を払っても確保しなければならない戦略要衝だったが、それは米軍も同じであった。そこで日本軍はさらなる兵力投入を決断する。10月3日、第2師団長・丸山政男中将がタサファロング海岸に上陸、9日には第17軍司令官・百武晴吉中将が上陸し勇川に軍司令部を置いた。上陸した野戦重砲連隊は、すぐさまヘンダーソン基地への砲撃を開始した。野戦重砲第4連隊の矢吹朗大尉はその射撃の様子をこう綴っている。

〈やがて、第一弾の発射である。

腹にズーンとひびくいつもの轟音のあと、左前方ルンガ岬の海上に白い水柱が上がる。予定の弾着だ。最初からジャングルに落下させては弾着の地点がつかめず、後の修正ができないからである。そしてつぎの瞬間、大隊あげての全十二門がいっせいに第三、第四弾とつぎつぎと撃ちこみはじめる。敵機にもろに直撃したものもあれば、ガソリン集積所に命中したものもあり、たちまち飛行場は火炎と黒煙につつまれていった。

しかし私は、ここで「射ちかたやめ！」を命ずるほかなかった。いちおう所期の目的をたっしたとみたからである。が、それよりもまして、残念ながら弾丸にかぎりがあったからであった〉（『丸エキストラ版68　悲しき戦記』潮書房）

陸軍の増援部隊の上陸に合わせるように、10月11日、「サボ島沖夜戦」が勃発した。詳細は別項に譲るが、ヘンダーソン飛行場を艦砲射撃すべく出撃した五藤存知（ありとも）少将率いる第6戦隊が米艦隊と激突し、米駆逐艦1隻撃沈、巡洋艦1隻、駆逐艦1隻を大破させ、巡洋艦1隻を小破させるなど米艦隊に大きな損害を与えている。ただ、日本艦隊も無傷ではいられなかった。重巡洋艦「古鷹」と駆逐艦「吹雪」を失い、重巡洋艦「青葉」が大破し五藤少将が戦死したのである。そのため、本来の目的であったヘンダーソン飛行場への艦砲射撃を断念せざるを得なかった。

こうした日米海上戦闘の舞台となったのは、ガダルカナル島北西海上に浮かぶサボ島の周辺海域であり、そのほとんどが夜戦であった。この海域は、多数の日米両軍艦艇が今なお沈んでいることから「アイアンボトム・サウンド」（鉄底海峡）と呼ばれている。

サボ島沖夜戦から2日後の10月13日23時36分、今度は第3戦隊司令官・栗田健男少将率いる戦艦「金剛」「榛名」と護衛の軽巡洋艦「五十鈴」おおよび駆逐艦9隻によるヘンダーソン飛行場への猛烈な艦砲射撃が行われた。この砲撃により飛行場は火の海と化し、駐機していた米軍機54機が破壊された。さらに追い打ちをかけるように、翌朝にはラバウルから飛来した海軍航空隊がヘンダーソン飛行場を空襲し、その夜には重巡「鳥海」と「衣笠」が同飛行場に対する艦砲射撃を行った。これでヘンダーソン飛行場を沈黙させたものと判断し、第2師団は上陸を開始した。ところがあろうことか、輸送船からの物資揚陸中に米軍機の攻撃を受け、3隻の輸送船が沈没したほか、物資の多くが焼失してしまったのである。このときの様子を、歩兵第230連隊で歩兵砲中隊長を務めた和田敏道中尉はこう証言する。

〈午前六時ごろまでには、半分以上の糧食、弾丸を揚陸することができた。だが、しばらくして夜が明けはじめるとどうじに、まるで死体にむらがるハゲ鷹のように大編隊の敵機が襲いかかってきた。その第一波の空襲により、山月丸と佐渡丸は、はやくも命中弾をうけて火災を起こした。もはや両艦の運命もそれまでと断念し、座礁させるため、ガ島の海岸線めがけて最後の力をふりしぼり、波打ちぎわにたどりついた。

つづいて第二弾は、笹子丸に襲いかかってきた。曳光弾の火花は、甲板上を雨あられのように降りそそぐ。そして三波、四波と敵機の来襲がつづいたが、さいわい笹子丸は適切な消火活動によって大事にいたらず、被害は軽微であった。午前八時三十分、射撃部隊の任務をといて、それぞれ最後の小発に便乗して、ガ島のタサファロングに上陸した〉（『丸エキストラ戦史と旅35—最前線の戦い』潮書房）

実は米軍は、ヘンダーソン飛行場のほかにもう1つ予備の飛行場を設営していたのだ。

上陸した日本軍は大きな損害を被りながらも〝血染めの丘〟（Bloody Ridge）と呼ばれるムカデ高地の裏側を迂回し、「丸山道」と呼ばれた険しいジャングルの山道を進撃した。そして10月24日にヘンダーソン飛行場への総攻撃を実施する。

だが、これまた米軍の凄まじい弾幕射撃に阻まれてしまう。翌日、再び総攻撃を仕掛けたが、またしても米軍の猛烈な防御陣地を突破することができず、第2師団将兵は、10月26日の闇夜に隠れて再び丸山道から撤退していったのである。

私が現地を取材した際に、ムカデ高地で出会った少年は、こう言った。

「日本の兵隊はみな勇敢で本当に強かった」

彼らは学校でそう教わっていたという。

矢弾、糧秣が尽きても戦う軍隊

海軍は、当初10月21日に計画されていた第2師団による総攻撃を支援すべく、近藤信竹中将の第2艦隊と南雲忠一中将の第3艦隊をガダルカナル沖に進出させた。これに決戦を挑んできたのが南太平洋部隊司令官ウィリアム・F・ハルゼー中将麾下の3個任務部隊（第16、第17、第64任務部隊）だった。10月26日、「南太平洋海戦」が始まった。詳細は前項を参照されたいが、この海戦の結果、空母「翔鶴」が大破し、空母「瑞鳳」を小破させられたが、米空母「ホーネット」と駆逐艦1隻を沈め、空母「エンタープライズ」を撃破し、戦艦「サウスダコダ」および軽巡洋艦1隻に損傷を与えたのだった。またしても日本軍の勝利だった。だがまだヘンダーソン基地が健在であったため、制空権は依然米軍の手にあった。そこで、兵員および物資輸送は高速で防御能力がある駆逐艦あるいは隠密性の高い潜水艦による夜間輸送が考案されたのである。

複数の駆逐艦がドラム缶に詰め込んだ物資を搭載して隊列を組んでガダルカナル島を目指し、米軍機の哨戒圏内は夜間の闇夜に乗じて航行する。そしてガダルカナル島に近づくや、海岸に出てきた陸兵によって灯されたかすかなかがり火を目印にドラム缶を海に投下し、これを陸軍の兵士らが引き上げる手順だった。この駆逐艦による物資輸送は、夜間の隠密行動から〝ネズミ輸送〟と呼んだ。ちなみに米軍はこれを〝東京急行〟（Tokyo Express）と呼んでいた。潜水艦による物資輸送も行われたが、こちらは〝モグラ輸送〟と呼ばれたという。

なんとしてもガダルカナルを奪還したい——今度は第38師団の投入が行われることになった。

今回は、野砲など重装備を揚陸するため、駆逐艦や潜水艦による輸送では不可能だった。

そこで危険を承知の上で、輸送船による揚陸が計画された。そのためには、ガダルカナル島の米軍飛行場を一時的に使用不能にしてとにかく米軍機を飛び立たせないようにしておく必要があった。こうして、再びヘンダーソン飛行場への夜間艦砲射撃が計画されたのである。戦艦「比叡」「霧島」を擁する阿部弘毅（ひろあき）中将率いる挺身艦隊がガダルカナル島に向かい、迎えた11月13日、空母を伴わない日米艦隊がガダルカナル島沖で激突した。「第3次ソロモン海戦」である。日本軍は大戦果をあげながらも戦艦「比叡」のほかに駆逐艦2隻を失った。

その翌日、ガダルカナル島に攻撃をしかけた日本艦隊と米艦隊が再び激突した。

この戦いで日本艦隊は、戦艦「霧島」、駆逐艦1隻を撃沈されたが、米駆逐艦3隻を撃沈し、戦艦「サウスダコタ」および駆逐艦1隻を大破させた。そしてガダルカナル島への増援の陸軍第38師団を輸送してきた11隻の輸送船団は海岸目指して突進した。その結果、飛来した米軍機によって7隻が沈められたが、4隻は捨て身で海岸に乗り上げてまで揚陸作戦を成功させたのだった。輸送船を沈められ海中に投げ出された将兵だったが、その多くは救助されて上陸を果たしている。ところが兵器も物資もすべて海没したため携行せずに上陸を果たした第38師団将兵は、ただでさえ乏しい物資に苦しんでいたガダルカナル島の陸軍部隊をさらに苦しめる結果となっていく。この状況を打開するために、田中頼三少将率いる第2水雷戦隊が〝ネズミ輸送〟を敢行したのである。

これを待ち受けていたのが、重巡洋艦4隻、軽巡洋艦1隻、駆逐艦6隻からなる強力なカールトン・H・ライト少将の米第68任務部隊であった。

11月30日、「ルンガ沖夜戦」が始まった。駆逐艦1隻を失いながらも第2水雷戦隊は、敵重巡1隻を撃沈し、加えて重巡3隻を大破させる大戦果をあげたのだった。ガダルカナル島を巡る戦闘は惨敗のような印象を持たれているが、実は陸軍の作戦と連動して発生した周辺海域での海戦では、日本海軍は常に米海軍に対して常に有利な戦いを演じていたのである。

むろん、上陸部隊の苦難は筆舌に尽くしがたいものがあった。食糧もなく飢餓状態が続く地上部隊にマラリアなどの疫病が追い打ちをかけ、もはやこれ以上の戦闘は困難とみた大本営は、昭和17年12月31日の御前会議でガダルカナル島からの撤退を決定した。撤退命令を受けた各部隊は島西方の海岸に集結し、駆逐艦による逐次撤退が行われたのだった。こうして翌年2月1日から7日まで、3次にわたって撤退が行われたのである。ガダルカナル島の戦いにおける悲惨な食糧事情について、歩兵第124連隊の伊藤寛軍曹が生々しく綴っている。

〈とにかく「なにか食べたい」とみんながねがった。そして目の色をかえて食べられるものをさがし求めた。谷間の上流にそびえ立った檳榔樹はたちまち切り倒され、その新芽の芯はタケノコのようでうまく、みんなによろこばれた。これがつきるところ、〝ガ島フキ〟が食えるぞとだれかがいうと、これもたちまち陣地周辺ではみられなくなった。

トカゲもはじめは腸をひきだして食べていたが、そのうち生きたまま、口にほうりこむようになった。ミミズも食べられて、やがてアウステン山から、虫けらはまったく姿をけしてしまった〉（『丸エキストラ戦史と旅35　最前線の戦い』）

だから日本軍は強かった。弾もなく、食糧もない飢餓状態でありながらも日本軍将兵は戦い続けたのである。世界の軍隊の中で、このような状況下で戦い続ける軍隊は日本軍以外にない。米軍兵士らにはとても真似のできないことを日本兵は全員がやっている。このことは米軍兵士らにとって大変な脅威であり、日本兵がとてつもない強兵として映ったという。

ガダルカナル島において、最後の日本兵が米軍に投降したのは昭和22年（１９４７）10月27日のことだった。繰り返すが、こんな強靭な精神力を持つ軍隊は日本軍を置いてほかにない。だからこそ米軍は日本軍を恐れ続け、戦後もその強さを称賛し続けているのである。

戦後その悲惨な戦いがやり玉に上げられ、ガダルカナル島を巡る戦いは大東亜戦争の悲劇の象徴のごとく語られているが、日本軍将兵は強靭な精神力と至純の愛国心をもって戦い続けたことを忘れないでいただきたい。弾も糧秣もない絶望的な状況下で、それでも日本軍将兵は圧倒的物量を誇り優勢な米軍に対して勇戦敢闘し、2万2千人（うち1万5千人が戦病死・餓死）の戦没者を出しながら、実は、米軍に約６８００人の戦死者を強いていたのだった。

飢餓の島――〝餓島〟とよばれたガダルカナル島でも、日本軍は奇跡の奮戦を見せていたのだ。

単行本　平成二十八年八月「大東亜戦争秘録　日本軍はこんなに強かった！」改題　双葉社刊
装　幀　伏見さつき
DTP　佐藤敦子

産経NF文庫

封印された「日本軍戦勝史」

二〇二一年七月二十一日 第一刷発行

著者 井上和彦
発行者 皆川豪志

発行・発売 株式会社 潮書房光人新社
〒100-8077 東京都千代田区大手町一-七-二
電話/〇三-六二八一-九八九一(代)
印刷・製本 凸版印刷株式会社

定価はカバーに表示してあります
乱丁・落丁のものはお取りかえ致します。本文は中性紙を使用

ISBN978-4-7698-7037-1 C0195
http://www.kojinsha.co.jp

産経NF文庫の既刊本

「美しい日本」パラオ

井上和彦

なぜパラオは世界一の親日国なのか——日本人が忘れたものを取り戻せ！　太平洋戦争でペリリュー島、アンガウル島を中心に日米両軍の攻防戦の舞台となったパラオ。圧倒的劣勢にもかかわらず、勇猛果敢に戦い、パラオ人の心を動かした日本軍の真実の姿を明かす。

定価891円〈税込〉　ISBN978-4-7698-7036-4

日本が戦ってくれて感謝しています2
あの戦争で日本人が尊敬された理由

井上和彦

第1次大戦、戦勝100年「マルタ」における日英同盟を序章に、読者から要望が押し寄せたインドネシア——あの戦争の大義そのものを3章にわたって収録。日本人は、なぜ熱狂的に迎えられたか。歴史認識を辿る旅の完結編。15万部突破ベストセラー文庫化第2弾。

定価902円〈税込〉　ISBN978-4-7698-7002-9

日本が戦ってくれて感謝しています
アジアが賞賛する日本とあの戦争

井上和彦

インド、マレーシア、フィリピン、パラオ、台湾……日本軍は、私たちの祖先は激戦の中で何を残したか。金田一春彦氏が生前に感激して絶賛した「歴史認識」を辿る旅——涙が止まらない！感涙の声が続々と寄せられた15万部突破のベストセラーがついに文庫化。

定価946円〈税込〉　ISBN978-4-7698-7001-2

産経NF文庫の既刊本

誰も語らなかったニッポンの防衛産業
桜林美佐

防衛産業とはいったいどんな世界なのか。どんな企業がどんなものをつくっているのか、どんな人々が働いているのか……あまり知られることのない、日本の防衛産業の実情について分かりやすく解説。大手企業から町工場までを訪ね、防衛産業の最前線をリポート。

定価924円（税込）　ISBN978-4-7698-7035-7

日本に自衛隊がいてよかった
自衛隊の東日本大震災
桜林美佐

誰かのために―平成23年3月11日、日本を襲った未曾有の大震災。被災地に入った著者が見たものは、甚大な被害の模様とすべてをなげうって救助活動にあたる自衛隊員の姿だった。自分たちでなんでもこなす頼もしい集団の闘いの記録、みんな泣いた自衛隊ノンフィクション。

定価836円（税込）　ISBN 978-4-7698-7009-8

産経NF文庫の既刊本

孤高の国母 貞明皇后
知られざる「昭和天皇の母」
川瀬弘至

病に陥った大正天皇を支え、宮中の伝統を守ることに心を砕いた貞明皇后の数奇な運命を描く。宮内庁が所蔵していた多くの未公刊資料の開示を得て、明治、大正、昭和の三代にわたる激動の時代を生きた「孤高の国母」に新たな光を当てる大河ノンフィクション。

定価1089円(税込)　ISBN978-4-7698-7029-6

立憲君主 昭和天皇 上・下
川瀬弘至

昭和天皇でなければ日本は救えなかった——あの戦争で、終戦の「聖断」はどのように下されたのか。青年期の欧州歴訪を経て、国民とともに歩む立憲君主たらんと志し、現実政治の前で悩み、君主のあるべき姿を体現した87年の生涯を描く。

上・定価1023円(税込)　ISBN978-4-7698-7024-1
下・定価1012円(税込)　ISBN978-4-7698-7025-8

産経NF文庫の既刊本

総括せよ！ さらば革命的世代
50年前、キャンパスで何があったか

産経新聞取材班

半世紀前、わが国に「革命」を訴える世代がいた。当時それは特別な人間でも特別な考え方でもなかった。にもかかわらず、彼らは、あの時代を積極的に語ろうとはしない。彼らの存在はわが国にどのような功罪を与えたのか。そもそも、「全共闘世代」とは何者か？

定価880円（税込）　ISBN978-4-7698-7005-0

国会議員に読ませたい 敗戦秘話
政治家よ！ もっと勉強してほしい

産経新聞取材班

敗戦という国家存亡の危機からの復興、そして国際社会で名誉ある地位を築くまでになったわが国——なぜ、日本は今、繁栄しているのか。国会議員が戦後の真の歴史を知らずして、この国を動かしているとしたら、日本国民としてこれほど不幸なことはない。

定価902円（税込）　ISBN978-4-7698-7003-6